Python编程

从入门到精通

明日科技 ◎ 编著

人 民 邮 电 出 版 社
北 京

图书在版编目（CIP）数据

Python 编程从入门到精通 / 明日科技编著. -- 北京 ：
人民邮电出版社, 2025. -- ISBN 978-7-115-65553-0

I. TP312.8

中国国家版本馆 CIP 数据核字第 2024GT3142 号

内 容 提 要

本书系统、全面地介绍了 Python 程序设计开发所涉及的各类知识。主要内容包括 Python 基础知识、数据类型、运算符、条件控制语句、循环结构语句、序列、字符串、列表、字典、集合、文件、I/O、函数、GUI 编程和异常处理。全书内容与示例紧密结合，有助于读者理解知识、应用知识，达到学以致用的目的。

本书可作为大中专院校计算机相关专业的教材，也可作为 Python 自学手册，还适合开发人员参考。

◆ 编　　著　明日科技
　责任编辑　谢晓芳
　责任印制　陈　犇
◆ 人民邮电出版社出版发行　　北京市丰台区成寿寺路 11 号
　邮编　100164　　电子邮件　315@ptpress.com.cn
　网址　https://www.ptpress.com.cn
　涿州市京南印刷厂印刷
◆ 开本：787×1092　1/16
　印张：15.75　　　　2025 年 3 月第 1 版
　字数：422 千字　　　2025 年 3 月河北第 1 次印刷

定价：88.00 元

读者服务热线：(010)81055410　印装质量热线：(010)81055316
反盗版热线：(010)81055315

前　言

PREFACE

Python 自问世以来，发展得越来越快，和 Python 相关的应用也越来越多。当前，示例教学是计算机程序语言教学最有效的方法之一。本书将 Python 知识和实用的示例有机结合起来：一方面，追踪 Python 的发展方向，适应市场需求，精心选择内容，突出重点，强调实用性，使知识讲解全面、系统；另一方面，将知识融入示例讲解，使知识与示例相辅相成，既有利于读者学习知识，又有利于指导读者实践。

如果您在学习或使用本书的过程中遇到问题或疑惑，可以通过如下方式与我们联系，我们会尽快提供解答。

服务网站：mingrisoft 网站。

服务电话：0431- 84978981/84978982。

企业 QQ：4006751066。

服务信箱：mingrisoft@mingrisoft.com。

由于编者水平有限，书中难免存在疏漏和不足之处，敬请广大读者批评指正，以便本书得以改进和完善。

明日科技

2024 年 9 月

目　录

CONTENTS

第1章

概　述

1.1　初识 Python

1.1.1　Python 简介

Python 是一种跨平台的、开源的、免费的、解释型的高级编程语言，它具有种类丰富和功能强大的库，能够把用其他语言（尤其是 C/C++）制作的各种模块很轻松地整合在一起，所以 Python 常被称为“胶水”语言，其标志如图 1.1 所示。Python 的应用领域也非常广泛，在 Web 编程、图像处理、大数据处理、网络爬虫和科学计算等领域都能找到 Python 的身影。在全球最大的编程问答社区 Stack Overflow 上，Python 已经成为受欢迎的编程语言之一。

图 1.1　Python 的标志

1.1.2　Python 的应用领域

作为一种功能强大且简单易学的编程语言，Python 广受好评。Python 的应用领域有哪些呢？概括来说主要有以下几个领域。

- Web 开发。
- 大数据处理。
- 人工智能。
- 自动化运维开发。

- 云计算。
- 爬虫。
- 游戏开发。

1.2 Python 的安装与问题处理

1.2.1 安装 Python

1. 如何查看计算机操作系统的位数

为了提高开发效率，编程软件分别对 32 位操作系统和 64 位操作系统做了优化，推出了不同的开发工具包。Python 也不例外，所以在安装 Python 前，需要了解计算机操作系统的位数。下面介绍在 Windows 10 下如何查看操作系统的位数。

在桌面找到“此电脑”图标，右击该图标，在弹出的快捷菜单中选择“属性”命令，如图 1.2 所示。在弹出的窗口中，在“系统类型”处标记着本机是 64 位操作系统还是 32 位操作系统，如图 1.3 所示。

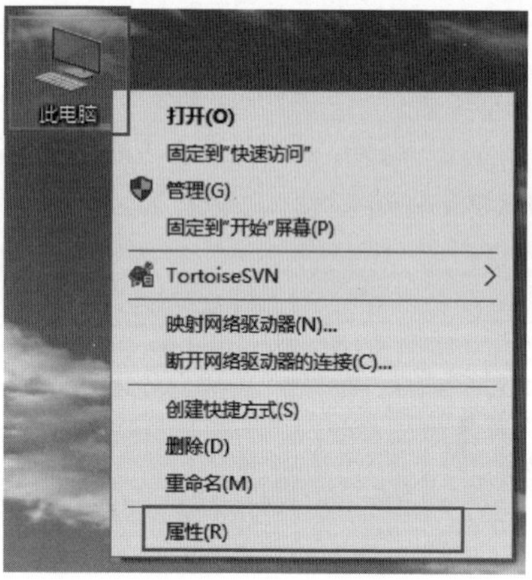

图 1.2 选择“属性”命令

图 1.3 查看系统类型

2. 下载 Python 安装包

在 Python 的官方网站中，可以很方便地下载 Python 的安装程序。下载完成后，在下载位置可以看到已经下载的 Python 安装文件“python- 3.8.2.exe”，如图 1.4 所示。

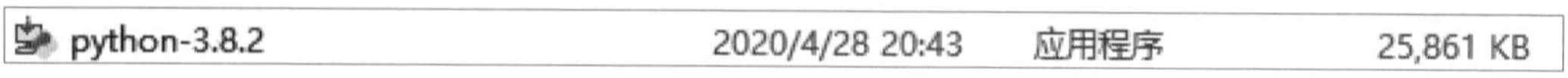

图 1.4 下载后的 python-3.8.2.exe 文件

3. 在 Windows 64 位操作系统上安装 Python

在 Windows 64 位操作系统上安装 Python 3.x 的步骤可以查看安装视频。

4. 检测 Python 是否安装成功

按照步骤安装 Python 后，需要检测 Python 是否安装成功。例如，要在 Windows 10 操作系统中检测 Python 是否成功安装，先右击 Windows 10 操作系统的“开始”菜单，在弹出的快捷菜单中选择“搜索”，在桌面左下角的“搜索程序和文件”文本框中输入 cmd 命令，然后按 Enter 键，启动“命令提示符”窗口（又称命令行界面、命令行窗口），在当前的“命令提示符”窗口中输入 python，并且按 Enter 键，如果出现图 1.5 所示的信息，则说明 Python 安装成功，同时进入交互式 Python 解释器。

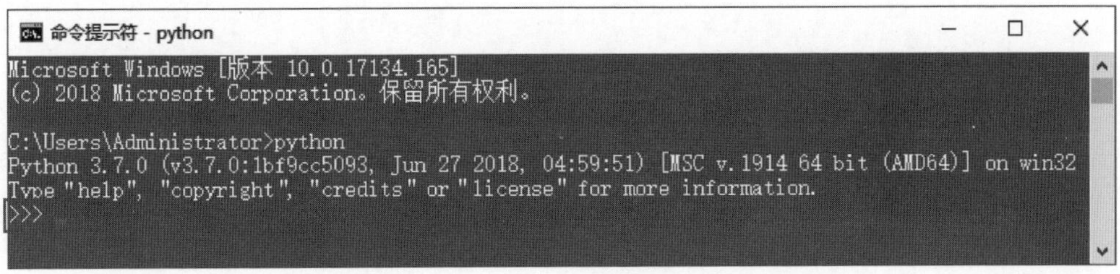

图 1.5　在“命令提示符”窗口中运行的 Python 解释器

1.2.2　解决“'python' 不是内部或外部命令……”的问题

在“命令提示符”窗口中输入“python”命令后，可能会显示“‘python’不是内部或外部命令，也不是可运行的程序或批处理文件”，如图 1.6 所示。

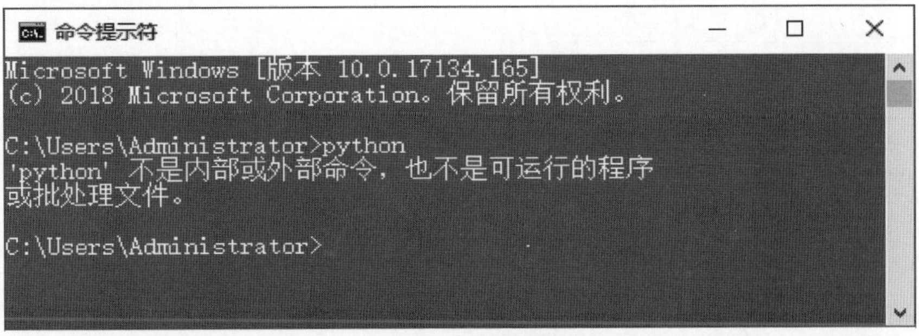

图 1.6　输入“python”命令后出错

出现该问题的原因是，在当前的路径中找不到 Python.exe 可执行程序，具体的解决方法是配置环境变量。这里以 Windows 10 操作系统为例介绍配置环境变量的方法，具体如下。

（1）在“此电脑”图标上右击，在弹出的快捷菜单中选择“属性”命令，并在弹出的“系统”窗口中单击“高级系统设置”超链接，将出现图 1.7 所示的“系统属性”对话框。

（2）单击“环境变量”按钮，将弹出“环境变量”对话框，如图 1.8 所示。

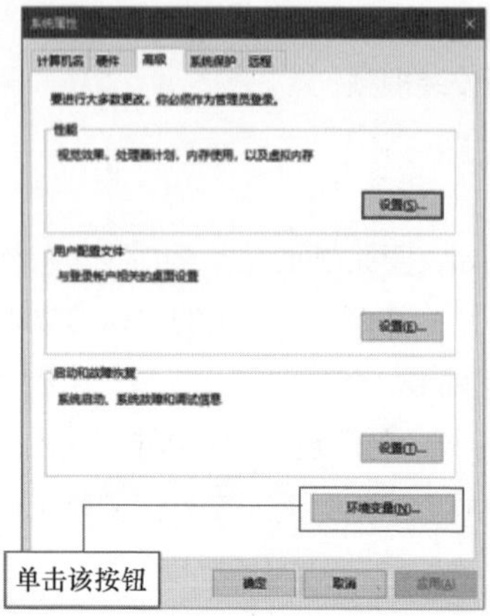

图 1.7　“系统属性”对话框

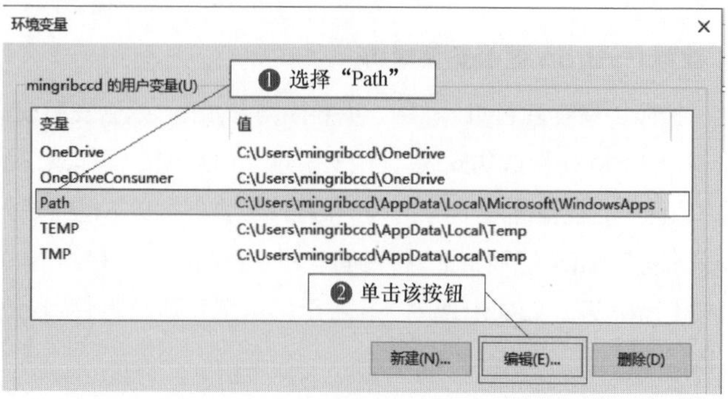

图 1.8　“环境变量”对话框

（3）在“mingribccd 的用户变量”中，选择“Path”环境变量，单击“编辑”按钮，将弹出“编辑环境变量”对话框，单击“新建”按钮，在新建的文本框中输入“G:\Python\Python38”，再次单击“新建”按钮，在新建的文本框中输入“G:\Python\Python38\Scripts\”，单击“确定”按钮，如图 1.9 所示，回到“环境变量”对话框。（注意 G 盘为编者安装 Python 的路径，读者可以根据实际情况进行修改。）

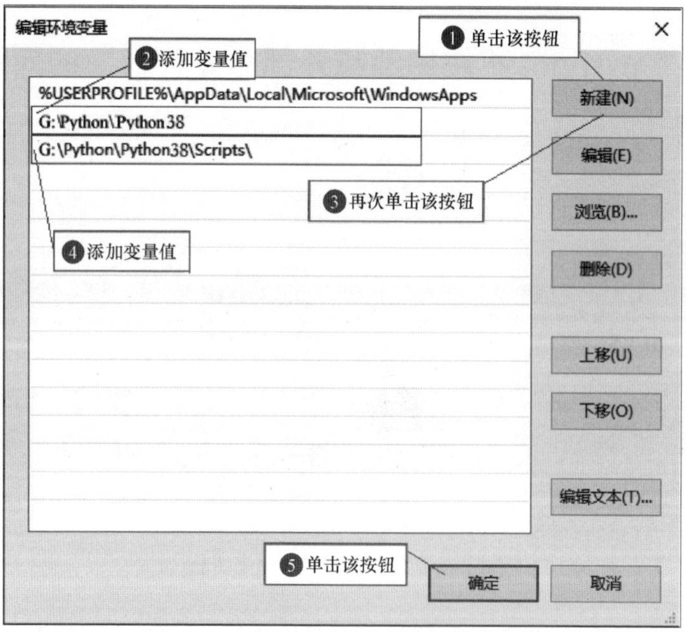

图 1.9　编辑环境变量

（4）单击“环境变量”对话框中的“Path”环境变量，可以看到刚添加的变量值，如图 1.10 所示。单击“确定”按钮，完成环境变量的配置。

（5）在“命令提示符”窗口中，输入 Python 命令，如果 Python 解释器可以成功运行，说明配置成功。如果已经正确配置了环境变量，仍无法启动 Python 解释器，建议重新安装 Python。

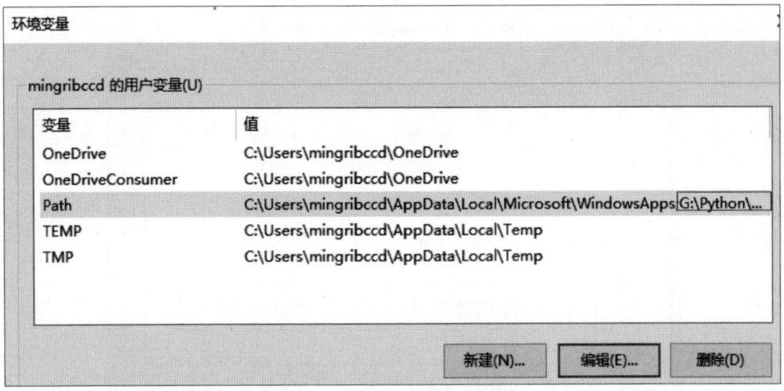

图 1.10　查看添加的变量值

1.3　Python 开发工具

通常情况下，为了提高开发效率，需要使用相应的开发工具。进行 Python 开发也可以使用开发工具。下面将介绍如何利用 Python 自带的集成开发和学习环境（IDLE）进行编程。

在安装 Python 后，会自动安装 IDLE。它是 Python Shell（可以在打开的 IDLE 主窗口的标题栏上看到），程序开发人员可以利用它与 Python 交互。

1. 打开 IDLE 并编写代码

单击 Windows 10 操作系统的“开始”菜单，依次选择“所有程序”→“Python 3.8”→“IDLE (Python 3.8 64- bit)”命令，即可打开 IDLE 主窗口，如图 1.11 所示。

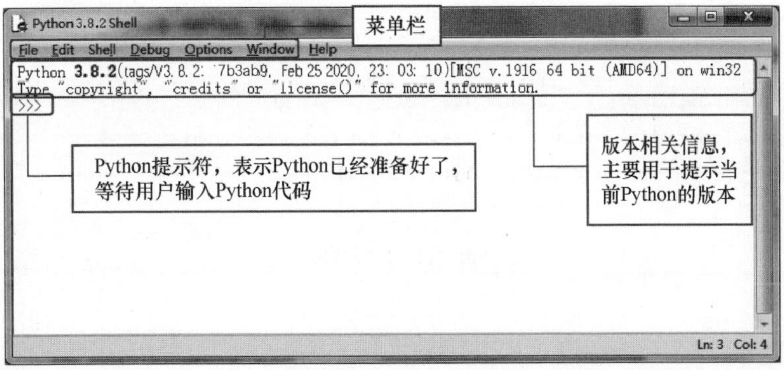

图 1.11　IDLE 主窗口

编写代码的步骤如下。

（1）在 IDLE 主窗口的菜单栏中，选择“File”→“New File”命令，将打开一个新窗口。在该新窗口中，可以直接编写 Python 代码，输入一行代码后，再按 Enter 键，将自动换到下一行，等待继续输入，如图 1.12 所示。

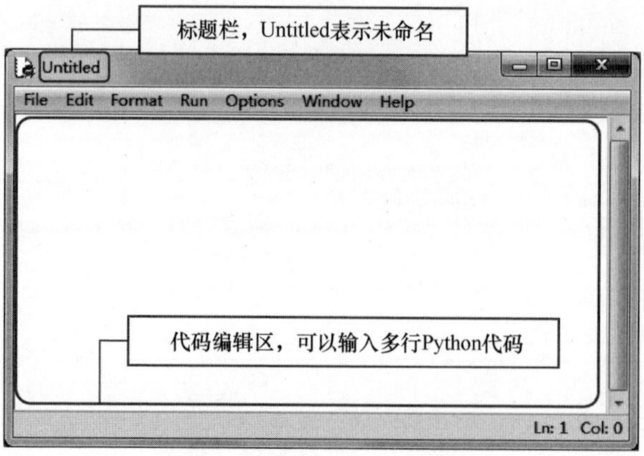

图 1.12　新创建的 Python 文件窗口

（2）在代码编辑区中，编写“hello world”程序，代码如下。

```
print("hello world")
```

（3）编写完成的代码效果如图 1.13 所示。按 Ctrl +S 快捷键，保存文件，这里将其保存为 demo.py，其中 .py 是 Python 文件的扩展名。

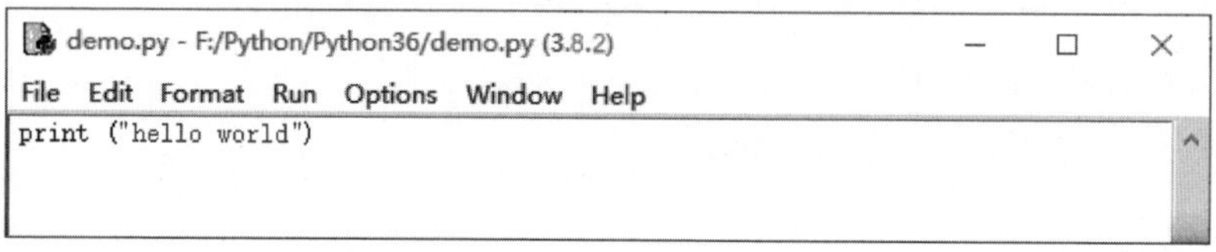

图 1.13　代码效果

（4）运行程序。从菜单栏中选择“Run”→“Run Module”命令（或按 F5 键），运行结果如图 1.14 所示。

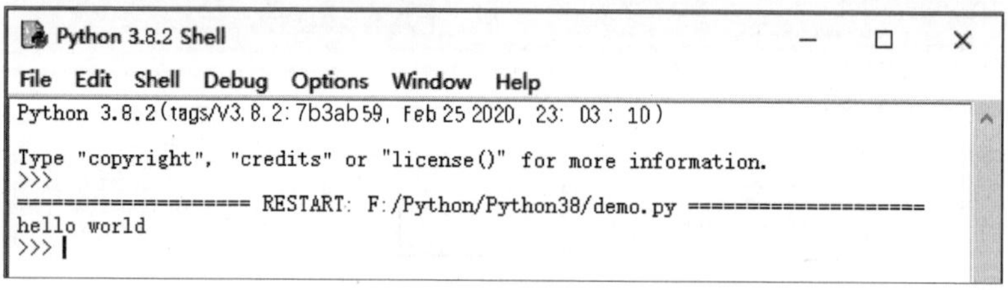

图 1.14　运行结果

说明

程序运行结果会在 IDLE 中呈现，每运行一次程序，程序运行结果就会在 IDLE 中呈现一次。

2.IDLE 常用的快捷键

在程序开发过程中，合理地使用快捷键，不但可以降低代码的错误率，而且可以提高开发效率。因此，掌握 IDLE 常用的快捷键很有必要的。在 IDLE 中，可通过选择菜单栏中的“Options”→“Configure

IDLE”命令，在打开的“Settings”对话框的“Keys”选项卡中查看快捷键，但该界面是英文的，不便于查看，所以表 1.1 列出 IDLE 常用的快捷键。

表 1.1　IDLE 常用的快捷键

快捷键	说　明	使用范围
F1	打开 Python 帮助文档	在 Python 文件窗口和 Python Shell 窗口中均可用
Alt+P	浏览历史命令（上一条）	仅在 Python Shell 窗口中可用
Alt+N	浏览历史命令（下一条）	仅在 Python Shell 窗口中可用
Alt+/	自动补全前面曾经出现过的单词。如果之前的多个单词具有相同的前缀，可以连续按该快捷键，在多个单词中循环来选择	在 Python 文件窗口和 Python Shell 窗口中均可用
Alt+3	注释代码块	仅在 Python 文件窗口中可用
Alt+4	取消代码块注释	仅在 Python 文件窗口中可用
Alt+G	转到某一行	仅在 Python 文件窗口中可用
Ctrl+Z	撤销操作	在 Python 文件窗口和 Python Shell 窗口中均可用
Ctrl+Shift+Z	恢复上一次的撤销操作	在 Python 文件窗口和 Python Shell 窗口中均可用
Ctrl+S	保存文件	在 Python 文件窗口和 Python Shell 窗口中均可用
Ctrl+]	缩进代码块	仅在 Python 文件窗口中可用
Ctrl+[	取消代码块缩进	仅在 Python 文件窗口中可用
Ctrl+F6	重新启动 Python Shell	仅在 Python Shell 窗口中可用

说明

由于 IDLE 使用起来简单、方便，因此我们将以 IDLE 作为开发工具。

1.4　基本输出函数 print()

在 Python 中，使用内置的 print() 函数可以将结果输出到 IDLE 或者标准控制台上。print() 函数的语法格式如下。

```
print(value, ..., sep=' ', end='\n', file=sys.stdout, flush=False)
```

参数说明如下。

- value：表示要输出的值；可以是数字、字符串、各种类型的变量等。
- …：值列表，表示可以一次性输出多个值；在输出多个值时，需要使用“,”（英文逗号）分隔，输出的值之间默认用空格隔开。
- sep：表示输出的值之间的间隔符，默认是一个空格，也可以设置为其他的分隔符。
- end：表示输出完最后一个值后需要添加的字符串，用来设定输出语句以什么结尾，默认是换行符“\n”，即输出完会跳到新行；可以换成其他字符串，如 end='\t' 或 end='' 等。
- file：表示输出的目标对象，可以是文件，也可以是数据流，默认是 sys.stdout。另外，也可以设置“file = 文件存储对象”，把内容存到该文件中。
- flush：表示是否立刻将输出语句输出到目标对象，flush 的值为 False 或者 True，默认 flush=False，表示输出值会存放在缓存中；当 flush=True 时，输出值会被强制写入文件。

其中，输出内容可以是数字和字符串（字符串需要使用引号括起来），此类内容将直接输出；输出内容也可以是包含运算符的表达式，此类内容将计算结果输出。例如：

```
a=100                           # 变量a的值为100
b=5                             # 变量b的值为5
print(9)                        # 输出数字9
print(a)                        # 输出变量a的值
print(a*b)                      # 输出a*b的结果
print("go big or go home")      # 输出"go big or go home"
```

! 多学两招

在 Python 中，默认情况下，使用 print() 语句输出结果后会自动换行，如果想要一次输出多项内容，而且不换行，可以将要输出的内容使用英文逗号分隔。下面的代码将在一行中输出变量 a 和 b 的值，以及字符串。

```
print(a,b,'要么出众，要么出局')    # 输出结果：100 5 要么出众，要么出局
```

注意

sep、end、file、flush 都必须以命名参数的方式传参，否则会被当作需要输出的对象。

? 提示

如果 print() 函数不传递任何参数，将会输出 end 参数的默认值，即输出空行。

1.4.1 使用连接符连接多个字符串

数值可以直接输出，但使用“+”连接数值和其他类型的数据时，系统会默认执行加法计算，并报错。

可以使用“,”连接，或者将数值作为字符串来处理，即在两端加英文单引号或英文双引号。

```
print(1314)                       # 直接输出整数，可不带英文双引号或英文单引号
1314
print(12.22)                      # 直接输出浮点数
12.22
print(10/3)                       # 可以包含运算表达式，输出运算结果
3.3333333333333335
print(100*3.13 + 60)              # 可以包含运算表达式，输出运算结果
373
print(2, 0, 2, 0)                 # 使用","连接要输出的数值，输出结果之间用空格分隔
2 0 2 0
print(192, 168, 1, 1, sep='.')   # 使用"."连接输出数值，数值之间用"."分隔
192.168.1.1
print("广州恒大" + 43)            # 不能直接使用"+"连接字符串和数值
TypeError: can only concatenate str (not "int") to str
print("广州恒大" + str(43))       # 使用"+"连接字符串和数值时，数值要转换为字符串
广州恒大43
print("广州恒大", 43)             # 使用","连接字符串和数值，字符串和数值之间用空格分隔
广州恒大 43
print("%e" % 120563332111098)    # 使用操作符“"%e"%”格式化数值为科学记数法
1.205633e+14
```

1.4.2　指定位数编号输出

zfill() 函数可按指定位数输出编号，如将输入的数字格式化为 5 位编号并输出，代码如下。

```
instr=input('请输入一个数字: ')
print(instr.zfill(5))             # 输出5位编号
```

运行程序，输入一个数字，会将其格式化为 5 位编号，如图 1.15 所示。

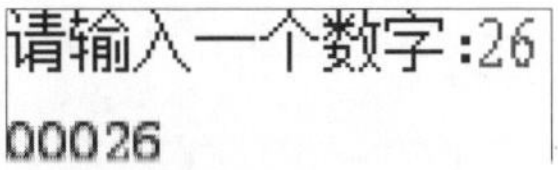

图 1.15　输出 5 位编号

1.5　输入函数 input()

在 Python 中，使用内置函数 input() 可以接收用户从键盘输入的信息。input() 函数的基本用法如下。

```
variable=input("提示文字")
```

其中，variable 为保存输入结果的变量，双引号内的提示文字用于提示要输入的内容。例如，要接收用户输入的内容并保存到变量 tip 中，可以使用下面的代码。

```
tip=input("请输入文字：")
```

在 Python 3.x 中，无论输入的是数字还是字符，都将被当作字符串读取。如果要接收数值，需要对接收到的字符串进行类型转换。例如，要接收整型的数字并保存到变量 num 中，可以使用下面的代码。

```
num=int(input("请输入您的幸运数字："))
```

要获得字符对应的 ASCII 值，该如何实现呢？使用 ord() 函数可以将字符的 ASCII 值转换为数字。下面的代码用于根据输入字符，输出相应的 ASCII 值。

```
name=input("输入字符：")                          # 输入字母或数字，不能输入汉字
print(name+" 的ASCII值：",ord(name))              # 显示字符对应的ASCII值
```

如果输入字符“A”，则输出结果为“A 的 ASCII 值为 65”；如果输入数字 5，则输出结果为“5 的 ASCII 值为 53”。

编写程序，根据输入的年份，计算年龄大小。

根据输入的年份（4 位数字，如 1981），计算目前的年龄。程序中使用 input() 函数输入年份，使用 datetime 模块获取当前年份，用当前年份减去输入的年份，就是年龄，代码如下。

```
import datetime                                   # 导入时间模块
imyear=input("请输入您的出生年份：")              # 输入的出生年份必须是4位数
nowyear=datetime.datetime.now().year              # 计算当前年份
age=nowyear-int(imyear)                           # 用于计算实际年龄
print("您的年龄："+str(age) +"岁")                # 输出年龄
# 根据计算的年龄判断所处的年龄阶段
if age<18:                                        # 如果年龄小于18岁
     print("您现在为未成年人 ~@_@~")              # 输出"您现在为未成年人 ~@_@~"
if age>=18 and age<66:                            # 如果18≤age<66
     print("您现在为青年人 (-_-)")                # 输出"您现在为青年人 (-_-)"
if age>=66 and age<80:                            # 如果66≤age<80
     print("您现在为中年人~@_@~")                 # 输出"您现在为中年人~@_@~"
if age>=80:                                       # 如果age≥80
     print("您现在为老年人 *-_-* ")               # 输出"您现在为老年人*-_-*"
```

运行程序，会提示输入出生年份，如图 1.16 所示。输入出生年份，出生年份必须是 4 位数，如 1981。

输入出生年份，如输入 2007，按 Enter 键，运行结果如图 1.17 所示。

图 1.16 提示输入出生年份

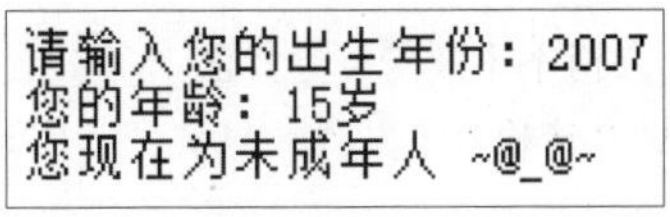

图 1.17 根据输入的年份计算年龄

1.5.1 常用输入

当使用 input() 输入信息时，提示信息可以为空值（不提示任何信息），也可以和转义字符结合（如在提示信息后加 \n，表示在提示信息后换行）。常见的示例代码如下。

```
name=input("")                    # 无提示型输入，不换行
name1=input("name:")              # 简洁型输入，不换行
name2=input("请输入您的姓名：")    # 提示型输入，不换行
name3=input("姓名:\n")            # 提示型输入，换行
```

运行结果如下。

```
张三丰
name:李四
请输入您的姓名：理想
姓名:
李世民
```

1.5.2 去除输入的非法字符

当输入数据时，可能会输入空格等非法字符。这时，可以使用字符串的 strip()、lstrip() 或 rstrip() 等方法去除输入的非法字符。例如，使用下面的代码。

```
name=input("请输入您的姓名:").strip(' ')     # 去除输入数据两端的空格
age=input("请输入您的年龄:").lstrip(' ')     # 去除输入数据左侧的空格
print(name)
print(age)
```

运行结果如下。

```
请输入您的姓名： joy
请输入您的年龄： 12
joy   12
```

1.5.3 多数据输入

input() 函数支持多个数据的输入，输入的时候通常使用字符串的 split() 方法进行分割，如同时输入某一地点的坐标值等。示例代码如下。

```
# 在一行输入两个不限定类型的值
x,y=input("请输入出发地点的横、纵坐标值，用英文逗号分隔:").split(',')
name,age,height=input('请输入你的姓名、年龄和身高，用英文逗号分隔: \n').split(',')
# 在一行输入两个限定类型为整型的值
a,b=map(int,input('请输入两个数，用空格分隔: \n').split())
print(x,y)
print(age)
print(a,b)
```

运行结果如下。

```
请输入出发地点的横、纵坐标值，用英文逗号分隔:123,210
请输入你的姓名、年龄和身高，用英文逗号分隔:
joy,22,1.68
请输入两个数，用空格分隔:
27 89
123 210
22
27 89
```

说明

如果不按指定规则输入，将输出错误提示信息“ValueError: not enough values to unpack”。

通过循环语句也可以实现多个数据的输入，这也需要使用字符串的 split() 方法对输入的数据进行分割。代码如下。

```
sum=0
for x in input('请输入多个加数，中间用空格分隔: ').split(' '):
    sum=sum+int(x)
print(sum)
```

运行结果如下。

```
请输入多个加数，中间用空格分隔:
1 2 3 4 5 6 7 8
36
```

1.5.4 强制转换输入

用户通过 input() 函数输入的数据都是字符串类型的，有时程序要求输入的数据为某种特定数据类型，如整型、浮点型或日期型等。这时，就需要在输入后进行强制转换。例如，使用 int() 函数将用户输入的字符串类型的数据转换为整型数据。示例代码如下。

```
age=int(input('age: '))
print(age)
print(type(age))
```

运行结果如下。

```
age: 30
30
<class 'int'>
```

有时对输入的数据是有一定要求的，如首字母大写、全部小写等。这时，可以使用字符串的 lower()、upper()、capitalize() 或 title() 等方法对输入的数据进行强制转换。示例代码如下。

```
password=input('请输入您的密码:').upper()       # 将输入的数据转换为全部大写
name=input('请输入您的姓名:').capitalize()      # 将输入的数据转换为首字母大写
school=input('请输入您的学校:').title()         # 将输入的数据全部转换为首字母大写
print(password,name,school)                     # 输出以上转换后的内容
```

运行结果如下。

```
请输入您的密码: abcdefg
请输入您的姓名: joy
请输入您的学校: harvard university
ABCDEFG Joy Harvard University
```

1.5.5 对输入数据进行验证

Python 提供了一些对输入数据进行验证的方法，通过这些方法可以非常方便地判断输入内容是大写字母、小写字母、数字还是空白字符等。主要方法如下。

- isalnum()：用于验证指定字符是不是都是数字或者字母。
- isalpha()：用于验证指定字符是不是都是字母。
- isdigit()：用于验证指定字符是不是都是数字。
- islower()：用于验证指定字符是不是都是小写字母。
- isupper()：用于验证指定字符是不是都是大写字母。
- istitle()：用于验证指定字符是不是都是首字母大写，类似标题。
- isspace()：用于验证所有字符是不是都是空白字符，如 \t、\n、\r。

使用字符串的 isdigit() 方法可以验证输入数据是不是数字。例如，若输入纯数字，可进入系统，否则，将退出系统，代码如下。

```
if input('请输入数字验证码:').isdigit():
    print('正在登录草根之家商务系统!')
```

```
else:
    print('输入非法，将退出系统！')
```

输入纯数字的运行结果如下。

```
请输入数字验证码：1314
正在登录草根之家商务系统！
```

输入非纯数字的运行结果如下。

```
请输入数字验证码：q1e2
输入非法，将退出系统！
```

第 2 章

Python 基础知识

2.1 注释

注释是指在代码中对代码功能进行解释的文字，可以提高代码的可读性，让代码更容易理解和维护。在运行程序时，注释的内容将被 Python 解释器忽略，并且不会在执行结果中体现出来。

在编写程序时，及时添加注释不仅可以记录程序的作用，还有助于对程序进行调试。

Python 通常包括 3 种类型的注释，分别是单行注释、多行注释和中文编码声明注释。

2.1.1 单行注释

在 Python 中，可使用“#”作为单行注释的符号。从“#”开始直到换行为止，其中的所有内容都作为注释而被 Python 解释器忽略。语法格式如下。

```
# 注释内容
```

单行注释可以放在要注释代码的前一行，也可以放在要注释代码的右侧。例如，下面的两种注释形式都是正确的。

当行注释（注释直接占一行）如下所示。

```
# 数字竞猜小游戏程序
# 预设竞猜数字给变量instr
instr=input("请输入预设的竞猜数字:")
```

行末注释（在代码的右侧添加注释）如下所示。

```
guess=-1                                   # 设置默认输入的竞猜数字为-1
print("======数字猜谜小游戏======")         # 输出游戏名称
while guess != number:                     # 如果竞猜错误，重新竞猜
```

使用当行注释还是行末注释，需要根据程序的实际情况确定。当需要解释、说明的内容较多时，推荐使用当行注释。当行注释和行末注释的综合应用示例如下。

```
# 用户登录判断程序
# 只要输入user列表中的用户，就可以模拟登录系统
user=['like','ming','sun','xiaobei','star'] # 用户名称列表
while True:                                # 要求重复输入，直到输入正确的用户名称
    instr=input('用户名称:")               # 要求输入用户名称
    if instr in user:                      # 如果输入的用户在列表中
        print('正在进入系统，请稍后!')
        break                              # 退出程序
    else:
        print('密码不正确，请重新输入!')
        continue                           # 继续执行程序
```

注意

在任何代码行前面加上“#”符号，该行代码就可以变成注释。利用这个方法，在遇到程序中暂时无法调试的代码时，可以先将其变成注释的形式，进行部分程序的优先调试。

2.1.2 多行注释

在 Python 中，并没有单独的多行注释标记，而是将包含在一对三引号（''' '''）或者（""" """）之间的内容都称为多行注释。这样的内容将被解释器忽略。因为这样的内容可以分为多行编写，所以也作为多行注释。两种语法格式如下。

```
'''
注释内容1
注释内容2
...
'''
```

```
"""
注释内容1
注释内容2
...
"""
```

多行注释通常用来为 Python 文件、模块、类或者函数等添加版权、功能等信息。例如，下面的代码将使用多行注释为程序添加功能、开发者、版权所有者、开发日期等信息。

```
'''
信息加密模块
```

```
开发者：天星
版权所有者：明日科技
2018年9月
'''
```

多行注释也经常用来解释代码中重要的函数、参数等信息，便于后续开发者维护代码，例如：

```
'''
库存类主要的函数
update用于修改/更新
find用于查找
delete用于删除
create用于创建
'''
```

多行注释其实可以采用单行注释多行书写的方式实现，如上面的多行注释可以写成如下形式。

```
# 库存类主要的函数
# update用于修改/更新
# find用于查找
# delete用于删除
# create用于创建
```

2.1.3 中文编码声明注释

在 Python 中编写代码的时候，如果用到指定字符编码类型的中文编码，需要在文件开头加上中文编码声明注释，这样可以在程序中指定字符编码类型的中文编码，不至于出现代码错误。所以，中文编码声明注释很重要。Python 3.x 提供的两种中文编码声明注释语法格式如下。

```
# -*- coding:编码 -*-
```

```
# coding=编码
```

例如，要保存文件的编码格式为 UTF- 8，可以使用下面的中文编码声明注释。

```
# -*- coding:utf-8 -*-
```

为代码添加注释，是一个优秀的程序员必须做的工作。但要确保注释的内容都是重要的，看一眼就知道代码的作用，而有些代码是不需要加注释的。

说明

在上面的代码中，“-*-”没有特殊的作用，只是为了美观才加上的，所以上面的代码也可以使用“# coding:utf-8”代替。

为了便于读者理解程序中的代码，本书中对大多数代码进行了注释。在实际开发中，程序员只要对关键代码进行注释就可以了。

2.1.4 注释程序以进行调试

在编码时，若出现编码错误，无法编译，或者我们不希望编译、运行程序中的某些代码，可以将这些代码注释掉。这种调试方式简单、实用，有经验的程序员经常采用这种方式进行程序调试。下面以计算长方形的对角线长、周长和面积为例来演示如何通过注释调试程序。计算长方形的对角线长、周长和面积的代码如下。

```
a,b=map(float,input('请输入长方形两条边的长度，用英文逗号间隔：').split(','))
s=a*b
l=(a+b)*2
d=(a**2+b**2)**(1/2)
print('长方形的对角线长:',d)    # 输出长方形的对角线长
print('长方形的周长:',l)        # 输出长方形的周长
print('长方形的面积:',s)        # 输出长方形的面积
```

在上面的代码中，如果只想计算长方形的面积，但要保留计算对角线长和周长的代码，则只需将计算对角线长和周长的代码注释即可，代码如下。

```
a,b=map(float,input('请输入长方形两条边的长度，用英文逗号间隔：').split(','))
s=a*b
# l=(a+b)*2
# d=(a**2+b**2)**(1/2)
# print('长方形的对角线长:',d)          # 输出长方形的对角线长
# print('长方形的周长:',l)              # 输出长方形的周长
print('长方形的面积:',s)                # 输出长方形的面积
```

在上面的代码中，如果想计算长方形的面积和周长，则只需将计算周长的代码恢复即可，代码如下。

```
a,b=map(float,input('请输入长方形两条边的长度，用英文逗号间隔：').split(','))
s=a*b
l=(a+b)*2
# d=(a**2+b**2)**(1/2)
# print('长方形的对角线长:',d)          # 输出长方形的对角线长
print('长方形的周长:',l)                # 输出长方形的周长
print('长方形的面积:',s)                # 输出长方形的面积
```

2.2　编码格式

2.2.1　代码缩进

Python 采用代码缩进和冒号 “:” 区分代码之间的层次。缩进可以使用 Space 键或者 Tab 键实现。当使用 Space 键时，通常情况下采用 4 个空格作为缩进量；而当使用 Tab 键时，则将按一次 Tab 键产生的缩进作为缩进量。通常情况下建议使用 Space 键进行缩进。

在 Python 中，对于类定义、函数定义、流程控制语句，以及异常处理语句等，行尾的冒号和下一行的缩进表示一个代码块的开始，而缩进结束，则表示一个代码块的结束。

例如，下面的代码中的缩进为正确的缩进。

```
pwd=input("输入密码:").strip()                # 要求输入密码，strip()方法用于去除空格
repwd=input("确认密码:").strip()              # 要求输入确认密码，strip()方法用于去除空格

if pwd==repwd :                               # 判断密码是否一致
    print("密码输入正确！")                   # 输出"密码输入正确！ "
else:
    print("确认密码与输入的密码不一致！")     # 输出"确认密码与输入的密码不一致！ "
```

Python 对代码的缩进要求非常严格，同一个级别的代码块的缩进量必须相同。如果不进行合理的代码缩进，将抛出 SyntaxError 异常。例如，若代码中有的缩进量是 4 个空格，有的是 3 个空格，就会出现 SyntaxError 异常，如图 2.1 所示。

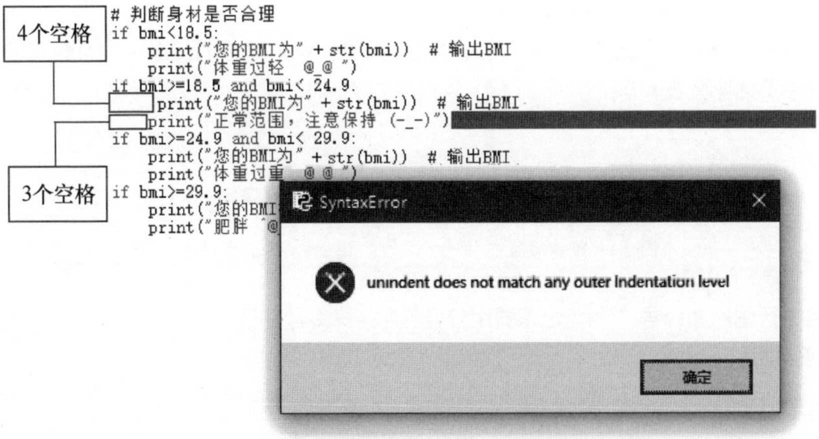

图 2.1　缩进量不同导致的 SyntaxError 异常

在 IDLE 中，一般以 4 个空格作为基本缩进量。不过也可以选择 “Options” → “Configure IDLE” 命令，在打开的 “Settings” 对话框（如图 2.2 所示）的 “Fonts/Tabs” 选项卡中修改基本缩进量。

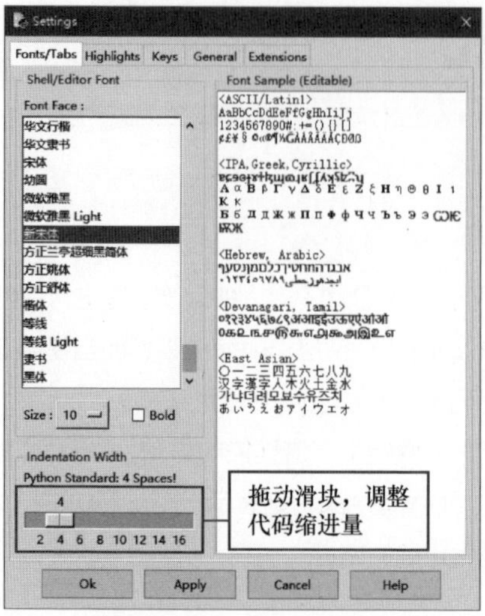

图 2.2　修改基本缩进量

! 多学两招

在 IDLE 的主窗口中，可以通过选择菜单栏中的“File”→“Format”→“Indent Region”命令（或按 Ctrl+] 快捷键），将选中的代码进行缩进（向右移动指定的缩进量），也可通过选择“File”→“Format”→“Dedent Region”命令（或按 Ctrl+[快捷键），对代码进行反缩进（向左移动指定的缩进量）。

2.2.2　编码规范

Python 采用 PEP 8 作为编码规范，其中 PEP 是 Python Enhancement Proposal 的缩写，翻译成中文是 Python 增强提案，而 8 表示版本号。PEP 8 是 Python 代码的样式指南。下面给出 PEP 8 编码规范中一些应该严格遵守的条目。

- 每条 import 语句只导入一个模块，尽量避免一次导入多个模块。图 2.3 所示为推荐写法，而图 2.4 所示为不推荐写法。

```
import os
import sys
```

图 2.3　推荐写法

```
import os, sys
```

图 2.4　不推荐写法

- 不要在行尾添加分号“;”，也不要用分号将两条命令放在同一行。例如，图 2.5 所示的代码为不规范写法。

```
height=float (input("请输入您的身高: "));
weight=float (input ("请输入您的体重: "));
```

图 2.5　不规范写法

- 使用必要的空行可以增加代码的可读性。一般在顶级定义（如函数或者类的定义）之间空两行，而在方法定义之间空一行。另外，在用于分隔某些功能的位置也可以空一行。

- 通常情况下，在运算符两侧、函数参数之间、逗号“,”两侧，建议使用空格进行分隔。
- 应该避免在循环中使用“+”和“+=”运算符累加字符串。这是因为字符串是不可变的，这样做会创建不必要的临时对象。推荐将每个子字符串加入列表，然后在循环结束后使用 join() 方法连接列表。
- 适当使用异常处理结构可提高程序的容错性，但不能过分依赖异常处理结构，适当的显式判断还是必要的。
- 建议每行不超过 80 个字符，如果超过，建议使用圆括号“()”将多行内容隐式地连接起来，而不推荐使用反斜线“\”进行连接。例如，如果某个字符串文本在一行上显示不全，那么可以使用圆括号分行显示，代码如下。

```
print("虽然我是一只蜗牛，我一直在爬，也许还没有爬到金字塔的顶端，"
      "但是只要我在爬，就足以给自己带来令生命感动的瞬间。")
```

例如，以下通过反斜线进行连接的做法是不推荐使用的。

```
print("虽然我是一只蜗牛，我一直在爬，也许还没有爬到金字塔的顶端，\
但是只要我在爬，就足以给自己带来令生命感动的瞬间。")
```

不过以下两种情况除外。

- 导入模块的语句过长。
- 注释里的 URL。

2.3　关键字与标识符

2.3.1　关键字

关键字是 Python 中被赋予了特定意义的一些单词，在开发程序时，不可以把关键字作为变量、函数、类、模块和其他对象的名称来使用。Python 的常用关键字包括 def、del、elif、else、except、finally、for、from、False、global、if、import、in、is、lambda、nonlocal、not、None、or、pass、raise、return、try、True、while、with 和 yield。

注意

在 Python 的关键字中，True、False、None 这 3 个关键字的首字母需要大写，其他关键字全部小写，如果写错，将会影响程序执行或者导致报错。代码如下。

```
password=['123456','888888','666666']
while True:                              # True首字母大写
```

```
    passin=input('请输入您的密码:')
    if passin in password:                # 如果输入的密码在列表中
        print('正在进入系统，请稍候!')
        break                             # 退出系统
    else:
        print('您输入的密码不正确，请重新输入')
        continue                          # 继续输入密码
```

运行程序，分别输入密码 123000 和 888888，运行结果如下。

```
请输入您的密码: 123000
您输入的密码不正确，请重新输入
请输入您的密码: 888888
正在进入系统，请稍候!
```

如果将关键字 True 写成 true，则程序会把 true 当成没有定义的变量，报出如下错误。

```
NameError: name 'true' is not defined
```

大部分关键字（如循环语句中的 if、elif、else、while、for 等，逻辑判断中经常用到的 True、False，逻辑运算符 and、or、not 等）在程序代码中起着重要的作用。关键字通常在开发环境中以特殊颜色显示。

关键字、内置对象、字符串等通过不同颜色进行区分，以便于代码输入和阅读。

如果在代码中使用这些关键字定义变量、函数、类，将会造成语法冲突，所以不要使用关键字定义变量、函数等。如果把关键字 while 作为变量使用，运行程序，将会弹出图 2.6 所示的错误（语法错误）。示例代码如下。

```
while=5
```

错误所在位置将会以红色高亮显示，如图 2.7 所示。当遇到语法错误时，可以看看是否出现了关键字非法使用的情况。

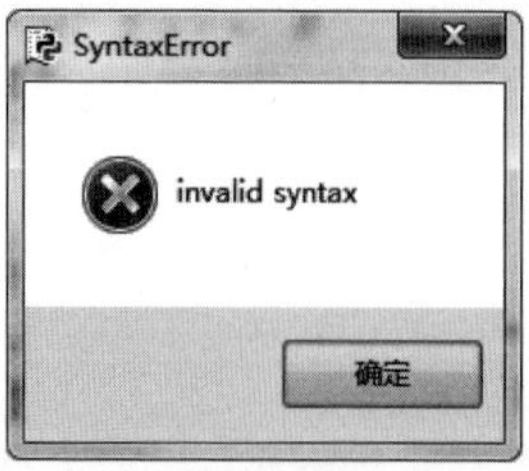

图 2.6　用 while 定义变量产生的错误

图 2.7　高亮显示错误处

注意

Python 中所有的关键字是区分字母大小写的。例如，and、as、if、True、False 是关键字，但是 And、AS、IF、false、ture 就不是关键字，如图 2.8 和图 2.9 所示。

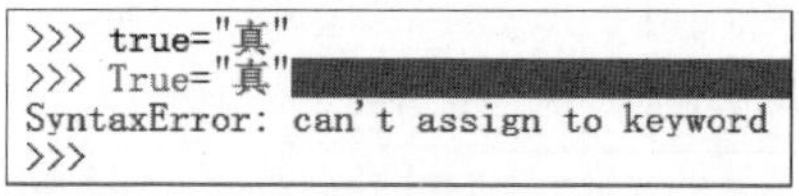

图 2.8　True 是关键字，但 true 不是关键字

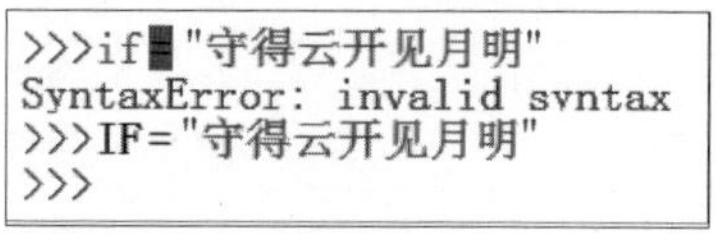

图 2.9　if 是关键字，但 IF 不是关键字

! 多学两招

在 IDLE 中输入以下两行代码可以查看 Python 的关键字。

```
import keyword
keyword.kwlist
```

运行结果如图 2.10 所示。

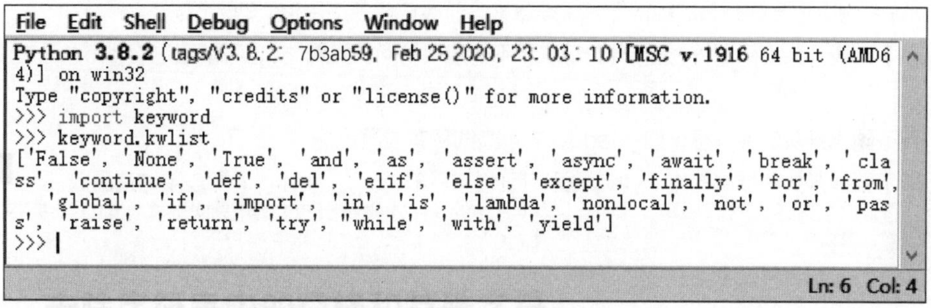

图 2.10　查看 Python 的关键字

2.3.2　标识符

标识符可被简单地理解为名字，它主要用来标识变量、函数、类、模块和其他对象。

Python 标识符的命名规则如下。

- 由字母 A~Z、a~z、下画线“_”和数字组成，并且第一个字符不能是数字。
- 不能使用 Python 的关键字。
- 不能包含空格、“@”、“%”以及“$”等特殊字符。

例如，下面是合法的标识符。

```
USERID
book
user_id
myclass                        # 关键字和其他字符的组合是合法的标识符
book01                         # 数字在标识符的后面是可以的
```

下面是非法的标识符。

```
4word                          # 以数字开头
class                          # class是Python中的关键字
```

```
@book                       # 不能使用特殊字符"@"
book name                   # book和name之间包含了特殊字符空格
```

注意

在 Python 中，标识符的字母是严格区分大小写的。如果大小写不一样，两个同样的单词所代表的意义是完全不同的。例如，下面 3 个变量是毫无关系的，就像相貌相似的“三胞胎”，彼此都是独立的个体。

```
book=0                      # 全部小写
Book=1                      # 部分大写
BOOK=2                      # 全部大写
```

Python 中以下画线开头的标识符有特殊意义，一般应避免使用相似的标识符。

以单下画线开头的标识符（如_width）表示不能直接访问的类属性，也不能通过“from xxx import *”导入。

以双下画线开头的标识符（如__add）表示类的私有成员。

以双下画线开头和结尾的是 Python 里专用的标识符，如“__init__()”表示构造函数。

说明

在 Python 中允许使用汉字作为标识符，如“我的名字 =" 明日科技 "”，在程序运行时并不会出现错误（如图 2.11 所示），但建议读者尽量不要使用汉字作为标识符。

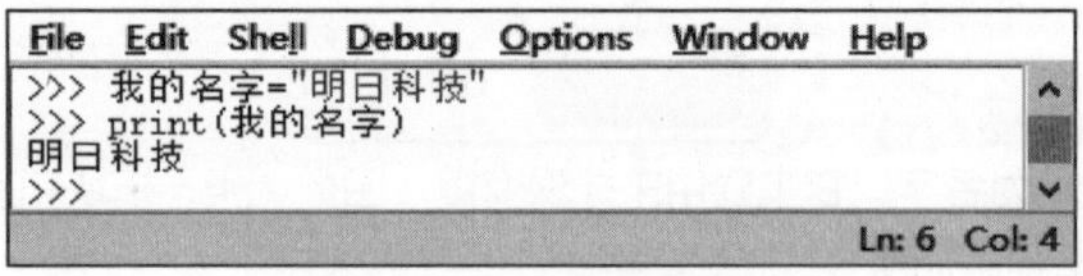

图 2.11　使用汉字作为标识符

除了要遵守以上这几条规则外，不同场景中标识符的名称也有一定的规范可循。

- 当标识符用作模块名时，应尽量短小，并且全部使用小写字母，可以使用下画线分割多个字母，如 game_main、game_register 等。
- 当标识符用作包的名称时，应尽量短小，也全部使用小写字母，如 com.mr、com.mr.book 等，不推荐使用下画线。
- 当标识符用作类名时，应采用单词首字母大写的形式。例如，定义一个图书类，可以命名为 Book。
- 模块内部的类名可以采用“下画线 + 首字母大写”的形式，如 _Book。
- 函数名、类中的属性名和方法名应全部使用小写字母，多个单词之间可以用下画线分割。
- 常量命名应全部使用大写字母，单词之间可以用下画线分割。

第 3 章

数据类型

3.1 变量

3.1.1 理解 Python 中的变量

在 Python 中，变量严格意义上应该称为“名字”，也可以将其理解为标签。当把值赋给名字时，如把值“学会 Python 还可以不加班”赋给 python，python 就称为变量。在大多数编程语言中，这被称为“把值存储在变量中”，意思是在计算机内存中的某个位置，字符串“学会 Python 还可以不加班”已经存在。你不需要准确地知道它们到底在哪里，只需要告诉 Python 这个字符串的名字是 python，然后就可以通过这个名字来引用这个字符串了。

这个过程就像快递员取快递一样，内存就像一个巨大的货物架，在 Python 中定义变量就如同给快递盒子贴标签。快递存放在货物架上，上面贴着写有客户名字的标签。当客户来取快递时，并不需要知道它们存放在这个大型货物架的具体位置，只需要客户提供自己的名字，快递员就会把快递交给客户。变量也一样，你不需要准确地知道信息存储在内存中的位置，只需要记住存储变量时所用的名字，再使用这个名字就可以了。

3.1.2 变量的定义与使用

在 Python 中，不需要先声明变量名及其类型，直接赋值即可创建各种类型的变量。但是变量的命名并不是任意的，应遵循以下几条规则。

- 变量名必须是一个有效的标识符。
- 变量名不能是 Python 的关键字。
- 慎用小写字母 l 和大写字母 O。
- 应选择有具体含义的单词作为变量名。

为变量赋值可以通过等号“=”来实现，其语法格式如下。

```
变量名=value
```

例如，要创建一个整型变量，并赋值，可以使用下面的语句。

```
number=505                              # 创建变量number并赋值
```

这样创建的变量就是数值型的变量。如果直接为变量赋一个字符串值，那么该变量为字符串类型的变量。例如，使用下面的语句。

```
myname="生化危机"                       # 字符串类型的变量
```

另外，Python 是一种动态类型的语言，也就是说，变量的类型可以随时变化。例如，在 IDLE 中，创建变量 myname，并初始化为字符串“生化危机”，然后输出该变量的类型，可以看到该变量的类型为字符串类型。再将变量初始化为 505，并输出该变量的类型，可以看到该变量的类型为整型。执行过程如下。

```
>>> myname="生化危机"                   # 字符串类型的变量
>>> print(type(myname))
<class 'str'>
>>> myname=505                          # 整型变量
>>> print(type(myname))
<class 'int'>
```

说明

在 Python 中，使用内置函数 type() 可以返回变量类型。

在 Python 中，允许多个变量指向同一个值。例如，将两个变量都初始化为 2048，再分别应用内置函数 id() 获取变量的内存地址，将得到相同的结果。执行过程如下。

```
>>> no=number=2048
>>> id(no)
49364880
>>> id(number)
49364880
```

说明

在 Python 中，使用内置函数 id() 可以返回变量的内存地址。

3.2 基本数据类型

在内存中存储的数据可以有多种类型。例如，一个人的姓名可以使用字符类型存储，年龄可以使用数字类型存储，而婚否可以使用布尔类型存储。这些都是 Python 提供的基本数据类型。下面将对这些基本数据类型进行详细介绍。

3.2.1　数字类型

在开发程序时，经常使用数字记录游戏的得分、网站的销售数据和网站的访问量等信息。Python 为存储这些数值提供了数字类型，并且它们是不可改变的。如果要修改数字类型变量的值，那么需要先把该值存放到内存中，然后修改变量，让其指向新的内存地址。

在 Python 中，数字类型主要包括整数、浮点数和复数。

1. 整数

整数用来表示整数值，即没有小数部分的数值。在 Python 中，整数包括正整数、负整数和 0，并且它的位数是任意的（当超过计算机自身的计算能力时，会自动转用高精度计算）。如果要指定一个非常大的整数，只需要写出其所有位数即可。

常用的整数类型包括二进制整数、八进制整数、十进制整数和十六进制整数。

二进制整数只有 0 和 1 两个基数，进位规则是“逢二进一”，如 101（转换为十进制整数为 5）、1010（转换为十进制整数为 10）。

八进制整数由整数 0 ~ 7 组成，进位规则是“逢八进一”，并且以 0o（或 0O）开头，如 0o123（转换成十进制整数为 83）。

> **注意**
>
> 在 Python 3.x 中，八进制整数必须以 0o/0O 开头。这与 Python 2.x 中不同，在 Python 2.x 中，八进制整数可以以 0 开头。

大家都很熟悉十进制整数的表现形式。例如，下面的数值都是有效的十进制整数。

```
31415926535897932384626
66666666666666666666666666666666666666666666666666666666666666666666666666
666
-2018
0
```

在 IDLE 中运行的结果如图 3.1 所示。

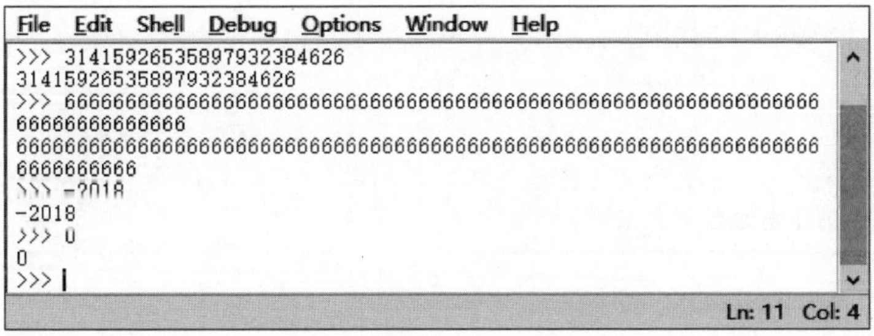

图 3.1　在 IDLE 中运行的结果

> ⚡注意
>
> 十进制整数不能以 0 作为开头（0 除外）。

十六进制整数由整数 0~9、字母 A~F 组成，进位规则是“逢十六进一”，并且以 0x/0X 开头，如 0x25（转换成十进制整数为 37）、0Xb01e（转换成十进制整数为 45086）。

> ⚡注意
>
> 十六进制整数必须以 0x/0X 开头。

2. 浮点数

浮点数由整数部分和小数部分组成，主要用于处理包括小数的数，如 1.414、0.5、-1.732、3.14159265358979323846 26 等。浮点数也可以使用科学记数法表示，如 2.7e2、-3.14e5 和 6.16e-2 等。

> ⚡注意
>
> 在使用浮点数进行计算时，可能会出现小数位数不确定的情况。例如，当计算 0.1+0.1 时，可以得到想要的结果 0.2，而当计算 0.1+0.2 时，会得到 0.30000000000000004（想要的结果为 0.3）。执行过程如下。

```
>>> 0.1+0.1
0.2
>>> 0.1+0.2
0.30000000000000004
```

所有语言都存在这种情况，暂时忽略多余的小数位数即可。

示例3.1 根据身高、体重计算指数（Body Mass Index，BMI）。在 IDLE 中创建一个名称为 bmi.py 的文件，然后在该文件中定义两个变量，一个用于记录身高（单位为米），另一个用于记录体重（单位为千克），根据公式“BMI= 体重 /（身高 × 身高）”计算 BMI，代码如下。

```
height=1.70                        # 记录身高的变量
print("您的身高:" + str(height))
weight=48.5                        # 记录体重的变量
print("您的体重:" + str(weight))
bmi=weight/(height*height)         # 计算BMI
print("您的BMI:"+str(bmi))          # 输出BMI
# 判断身材是否合理
if bmi<18.5:
    print("您的体重过轻 ~@_@~")
```

```
if bmi>=18.5 and bmi<24.9:
    print("正常范围，注意保持 (-_-)")
if bmi>=24.9 and bmi<29.9:
    print("您的体重过重 ~@_@~")
if bmi>=29.9:
    print("肥胖 ^@_@^")
```

> **说明**
>
> 上面的代码只用于展示浮点数的实际应用，涉及的源码按原样输出即可，其中，str() 函数用于将数值转换为字符串，if 语句用于进行条件判断。要了解关于函数和条件判断的更多知识，请查阅后面的内容。

运行结果如图 3.2 所示。

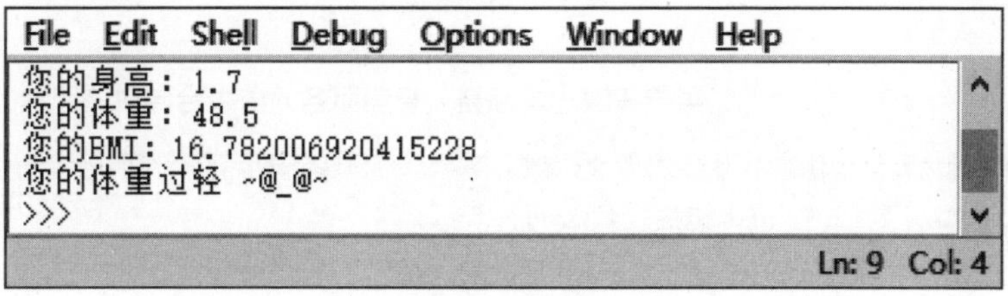

图 3.2 运行结果

3. 复数

Python 中的复数与数学中复数的形式完全一致，都由实部和虚部组成，并且使用 j 或 J 表示虚部。当表示一个复数时，可以将其实部和虚部相加，例如，若一个复数的实部为 3.14，虚部为 12.5j，则这个复数为 3.14+12.5j。

3.2.2 字符串类型

字符串就是连续的字符序列，可以是计算机所能表示的一切字符的集合。在 Python 中，字符串属于不可变序列，通常使用英文单引号（''）、双引号（""），以及三引号（''' '''或""" """）括起来。这 3 种引号在语义上没有差别，只是在形式上有些差别。其中单引号和双引号中的字符串必须在一行中，而三引号中的字符串可以分布在连续的多行中。

示例3.2 输出名言警句。定义 3 个字符串类型的变量，并且用 print() 函数输出，代码如下。

```
title='我喜欢的名言警句'                                # 使用单引号，字符串必须在一行中
mot_cn="命运给予我们的不是失望之酒，而是机会之杯。"  # 使用双引号，字符串必须在一行中
```

```
# 使用三引号，字符串可以分布在多行中
mot_en='''Our destiny offers not the cup of despair,
but the chance of opportunity.'''
print(title)
print(mot_cn)
print(mot_en)
```

运行结果如图 3.3 所示。

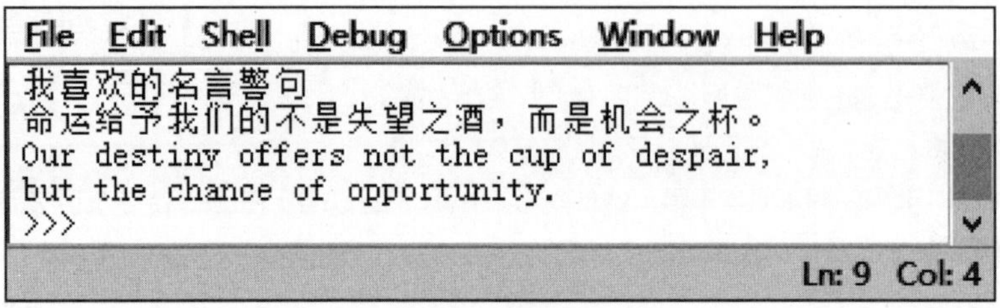

图 3.3 运行结果

注意

字符串开始和结尾使用的引号形式必须一致。另外，当需要表示复杂的字符串时，还可以进行引号的嵌套。例如，下面的字符串也都是合法的。

```
#在Python中也可以使用双引号（" "）定义字符串
"'(・・)nnn'也是字符串"
""""'___' "_"***"""
```

示例3.3 输出 101 号坦克的图形。在 IDLE 中创建一个名称为 tank.py 的文件，然后在该文件中，输出一个表示字符画的字符串，由于该字符画有多行，因此需要使用三引号作为定界符。具体代码如下。

```
print('''
                        ▶  学编程，你不是一个人在战斗~~
                        |
                  _ _\--_ _|_
II=======OOOOO[/ ★101_ _ _|
              _ _ _ _ _\_ _ _ _ _ _|/-----.
         /_ _ _mingrisoft.com_ _ _|
          \◎◎◎◎◎◎◎◎⊙/
            ~~~~~~~~~~~~~~~~
''')
```

运行结果如图 3.4 所示。

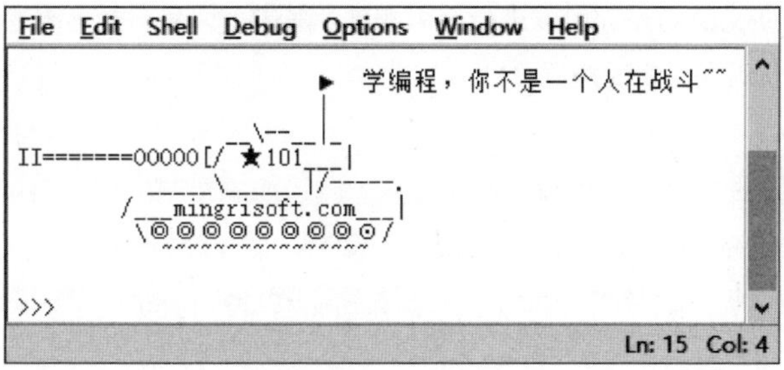

图 3.4 运行结果

> **说明**
>
> 在输出该字符画时，可以借助搜狗输入法的字符画进行输出。

Python 中的字符串还支持转义字符。所谓转义字符，是指使用反斜线 "\" 对一些特殊字符进行转义。常用的转义字符如表 3.1 所示。

表 3.1 常用的转义字符

转义字符	说明
\	续行符
\n	换行符
\0	空
\t	水平制表符，用于横向跳到下一个制表位
\"	双引号
\'	单引号
\\	一条反斜线
\f	换页符
\0dd	八进制数，dd 代表字符，如 \012 代表换行
\xhh	十六进制数，hh 代表字符，如 \x0a 代表换行

3.2.3 布尔类型

布尔类型的值（简称布尔值）主要用来表示真或假。在 Python 中，标识符 True 和 False 被解释为布尔值。另外，Python 中的布尔值可以表示为数值，其中 True 表示 1，而 False 表示 0。

> **说明**
>
> 对 Python 中的布尔值可以进行数值运算，例如，"False + 1" 的结果为 1。但是不建议对布尔值进行数值运算。

在 Python 中，对所有的对象都可以进行真值测试。其中，只有下面列出的几种对象表现为假，其他对象在 if 或者 while 语句中都表现为真。

- False 或 None。
- 数值中的零，包括 0、0.0、虚数 0。
- 空序列，包括空字符串、空元组、空列表、空字典。
- 自定义对象的实例，该对象的 _ bool _ () 方法返回 False，_ len _ () 方法返回 0。

3.2.4 数据类型转换

Python 是动态类型的语言（也称为弱类型语言），虽然不需要先声明变量的类型，但有时仍然需要用到类型转换。在示例 3.1 中，要想通过 print() 函数输出提示文字“您的身高：”和浮点型变量 height 的值，就需要将浮点型变量 height 转换为字符串，否则将显示图 3.5 所示的错误。

```
Traceback (most recent call last):
  File "E:\program\Python\Code\datatype_test.py", line 2, in <module>
    print("您的身高: " + height)
TypeError: must be str, not float
```

图 3.5　字符串和浮点型变量连接时出现的错误

Python 提供了表 3.2 所示的函数用于进行数据类型间的转换。

表 3.2　常用类型转换函数

函　数	作　用
int(x)	将 x 转换成整数
float(x)	将 x 转换成浮点数
complex(real [,imag])	创建复数
str(x)	将 x 转换为字符串
repr(x)	将 x 转换为表达式字符串
eval(str)	计算在字符串中的有效 Python 表达式，并返回一个对象
chr(x)	将 x 转换为字符
ord(x)	将 x 转换为它对应的整数
hex(x)	将 x 转换为十六进制的字符串
oct(x)	将 x 转换为八进制的字符串

示例3.4 模拟超市抹零结账行为。在 IDLE 中创建一个名称为 erase_zero.py 的文件，在该文件中首先将各个商品的金额累加，计算出商品总金额，并转换为字符串输出，然后应用 int() 函数将浮点型的变量转换为整型变量，转换为字符串并输出。关键代码如下。

```
money_all=56.75+72.91+88.50+26.37+68.51                # 总计金额
money_all_str=str(money_all)                           # 转换为字符串
```

```
print("商品总金额：" + money_all_str)
money_real=int(money_all)                          # 进行抹零处理
money_real_str=str(money_real)                     # 转换为字符串
print("实收金额：" + money_real_str)
```

运行结果如图 3.6 所示。

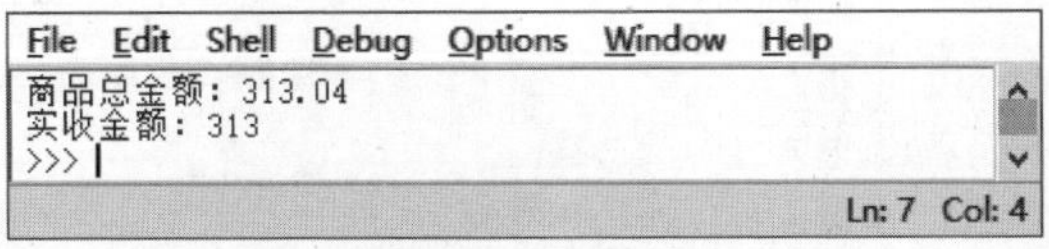

图 3.6　运行结果

常见错误

在进行数据类型转换时，如果把非数字字符串转换为整型变量，将产生图 3.7 所示的错误。

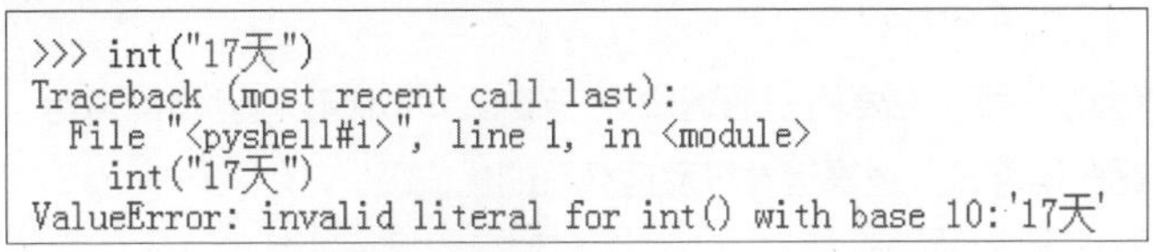

```
>>> int("17天")
Traceback (most recent call last):
  File "<pyshell#1>", line 1, in <module>
    int("17天")
ValueError: invalid literal for int() with base 10:'17天'
```

图 3.7　将非数字字符串转换为整型变量产生的错误

第 4 章

运 算 符

运算符是一类特殊的符号，主要用于值运算、连接、大小比较和逻辑运算等。本章会介绍算术运算符、赋值运算符、比较运算符、逻辑运算符及运算符的优先级。

4.1 算术运算符

算术运算符是处理四则运算的符号，在数字处理中应用得较多。常用的算术运算符如表 4.1 所示。

表 4.1 常用的算术运算符

运算符	说明	实例	结果
+	加	12.45+15	27.45
-	减	4.56- 0.26	4.3
*	乘	5*3.6	18.0
/	除	7/2	3.5
//	整除，即返回商的整数部分	7//2	3
%	求余，即返回除法的余数	7%2	1
**	幂	2**4	16，即 2^4

4.1.1　加运算符"+"

加运算是人类最早掌握的数学运算之一，加运算符"+"用于实现两个对象的相加。对于数字来说，使用"+"表示进行数值的相加，相当于数学中的加法，常见应用如下。

```
add1=35
add2=int(input('请输入一个数字:"))
add3=27.53
num=input('请输入一个数字:")
print(add1+add2)
print(add2+add3)
print(add3+add3)
print(add1+float(num))
```

运行程序，输入数字 56 和 23.87，运行结果如下。

```
请输入一个数字: 56
请输入一个数字: 23.87
91
83.53
55.06
58.870000000000005
```

对于字符串来说，使用"+"可以将两个字符串拼接成一个字符串，字符串拼接的示例如下。

```
chart1='www'
chart2='mingrisoft'
chart3='com'
chart4='.'
net=input('请输入一个你喜欢的英文名称: ')
print(chart1+chart4+chart2+chart4+chart3)          # 字符串拼接
print(chart1+chart4+net+chart4+chart3)             # 字符串拼接
print('zyk'+chart4+chart2+chart4+chart3)           # 在两个字符串间添加点号
print(net+'\n1000朵玫瑰') # 在2个字符串间添加换行符
```

运行程序，输入英文字符 nanshan，运行结果如下。

```
请输入一个你喜欢的英文名称: nanshan
www.mingrisoft.com
www.nanshan.com
zyk.mingrisoft.com
nanshan
1000朵玫瑰
```

> **注意**
>
> 若将字符串与数字直接相加，如运行代码“print(3000+"米长跑")”，程序将会显示“TypeError: can only concatenate str (not "int") to str”，即运行错误，需要使用 str() 函数将 3000 转换为字符串。

4.1.2 减运算符“-”

“-”运算符在Python中有两个作用：一个是作为负号使用，在数字前表示负数；另一个是作为减号，表示前一个数字减去后一个数字。

当“-”运算符作为负号使用时，在正数前面加“-”，可将正数变为负数，在负数前面加“-”，可将负数变为正数。示例代码如下。

```
digit1=12
digit2=-20.15
digit3=float(input('请输入一个数字，正负均可：'))
print(-digit1)
print(-digit2)
print(-digit3)
```

运行程序，运行结果如下。

```
请输入一个数字，正负均可：217.19
-12
20.15
-217.19
```

当“-”运算符作为减号使用时，被减数和减数只能为数字，不能为字符、列表或元组。示例代码如下。

```
digit1=float(input('请输入一个数字，正负均可：'))
digit2=float(input('请输入一个数字，正负均可：'))
print(digit1-digit2)
print(digit2-digit1)
# 使用 format() 函数格式化浮点数为整数
print(format(digit1-digit2,'.0f'))
# 使用 format() 函数格式化浮点数并保留两位小数
print(format(digit2-digit1,'.2f'))
```

运行结果如下。

```
请输入一个数字，正负均可：123
请输入一个数字，正负均可：-89
```

```
212.0
-212.0
212
-212.00
```

4.1.3 乘运算符“*”

“*”运算符在 Python 中有两个作用：一个是在两个数相乘时作为乘号；另一个是作为字符串、列表、元组等的连接运算符，表示将 *N* 个字符串连接起来。

当“*”运算符作为乘号使用时，示例代码如下。

```
digit1=float(input('请输入一个数字，正负均可:'))
digit2=float(input('请输入一个数字，正负均可:'))
print(digit1*digit2)
print(digit2*digit1)
print(format(digit1*digit2,'.2f'))
print(format(digit2*digit1,'.6f'))
```

运行结果如下。

```
请输入一个数字，正负均可：12.3
请输入一个数字，正负均可：32.15
395.445
395.445
395.44
395.445000
```

这里不介绍“*”运算符作为连接运算符的示例。

4.1.4 除运算符“/”

对于 Python 3.x 而言，除运算符有两种。“/”表示普通除法，使用“/”运算的结果在除不尽时，会产生小数（如果能除尽，结果也有可能是小数）。在 Python 3.x 中，除法运算的结果都是浮点数，如果需要转换为整数，可以使用 int() 函数或 format() 函数。“//”表示整除，使用它运算的结果只保留整数部分，小数部分将会被舍弃。注意，无论使用“/”，还是“//”，除数都不能为 0，否则程序会报出 ZeroDivisionError 异常。示例代码如下。

```
print(120/40)
print(10/3)
print(format(111/3,'.0f'))
print(format(100/9,'.2f'))
print(format(len('mingrisoft')/3,'.6f'))
```

```
digit1=float(input('请输入一个数字，正负均可：'))
digit2=float(input('请输入一个数字，正负均可：'))
print(format(digit1/digit2,'.2f'))
print(format(digit2/digit1,'.6f'))
```

运行结果如下。

```
3.0
3.3333333333333335
37
11.11
3.333333
请输入一个数字，正负均可：28
请输入一个数字，正负均可：9
3.11
0.321429
```

4.1.5 整除运算符“//”

“//”表示整除，其运算结果只保留整数部分，小数部分将会被舍弃，即向下取整除。注意，“//”不会对运算结果进行四舍五入的计算，如 10// 3 = 3，11// 3 = 3。示例代码如下。

```
digit1=800
digit2=3
print(8//5)
print(-8//5)
print(8//(-5))
print(150//3)
```

运行结果如下。

```
1
-2
-2
50
```

4.1.6 求余运算符“%”

“%”运算符用于取余，即返回除法的余数，例如，1%3 的结果为 1，2%3 的结果为 2，3%3 的结果为 0。Python 不要求进行求余运算的两个操作数都是整数，因为 Python 的求余运算符支持对浮点数求余。求余运算的结果不一定总是整数，它是使用第一个操作数除以第二个操作数得到整除的结果后剩下的值。在使用“%”运算符求余时，如果除数（第二个操作数）是负数，那么结果也是一个负值。示例代码如下。

```
print(4%5)
print(8%3)
print(1.5%5)
print(10.8%3)
print(20%5.5)
print(1%3.2)
print(8%5)
print(-8%5)
print((-8)%5)
print(21%(-6))
print(-21%(-6))
digit1 = float(input('请输入一个数字，正负均可：'))
digit2 = float(input('请输入一个数字，正负均可：'))
print( digit1%digit2 )
print( digit2%digit1 )
```

运行结果如下。

```
4
2
1.5
1.8000000000000007
3.5
1.0
3
2
2
-3
-3
请输入一个数字，正负均可：5
请输入一个数字，正负均可：-7
-2.0
3.0
```

上面的结果可能与很多人的预期不符，这个结果是由 Python 的机制决定的。在 Python 中取余数遵循下面的格式。

```
r=a-n*⌊a//n⌋
```

对于 8%5，其中 a=8，n=5。r=8- 5×(8//5)=8- 5=3，所以结果为 3；对于 - 8%5，r = - 8 - 5×(- 8//5)=- 8- 5*(- 2)=2，结果为2；对于8 % (- 5)，r= 8- (- 5)×(8//(- 5))=8- (- 5)×(- 2)=- 2，

结果为 - 2。

> **注意**
>
> 若除运算的结果为负数，就向下取整，取小于原数的整数，如 -8/5 的结果为 -1.6，向下取整为 -2，不是 -1。

4.1.7 求幂运算符“**”

“**”运算符用于求幂，即 x**y。若 y 为正整数，幂运算相当于 y 个 x 相乘，如 2 ** 3 =2*2*2=8，3 ** 2=3*3=9。示例代码如下。

```
print(2**6)
print(5**3)
print(2.3**5)
print(-6**7)
print(0.5**(-3))
print(-2.3**4)
```

运行结果如下。

```
64
125
64.36342999999998
-279936
8.0
-27.98409999999999
```

若 y 为负整数，幂运算的结果为 $\frac{1}{x}$ 连乘 y 次。

例如，2**（- 3）=1/（2*2*2）=0.125。

若 y 为零，幂运算的结果始终为 1，例如，2**0=1。

若 y 为浮点数，幂运算的结果为 x^y。

4.2 赋值运算符

赋值运算符主要用来为变量等赋值，在使用中，可以直接把基本赋值运算符“=”右边的值赋给左边的变量，也可以对其进行某些运算后再赋给左边的变量。Python 中常用的赋值运算符如表 4.2 所示。

表 4.2 常用的赋值运算符

运算符	说明	举例	展开形式
=	简单的赋值运算	x=y	x=y
+=	加法赋值	x+=y	x=x+y
-=	减法赋值	x-=y	x=x-y
*=	乘法赋值	x*=y	x=x*y
/=	除法赋值	x/=y	x=x/y
%=	求余数赋值	x%=y	x=x%y
**=	幂赋值	x**=y	x=x**y
//=	整除赋值	x//=y	x=x//y

注意

混淆“=”和“==”是编程中最常见的错误之一。很多语言（不只是 Python）使用这两个符号，另外很多程序员也经常会用错这两个符号。

4.2.1 简单的赋值运算符“=”

“=”是简单的赋值运算符，赋值时将右操作数的值赋给左操作数，如 num=5 表示将数值 5 赋给变量 num。“=”也可以将变量、表达式赋给另一个变量。示例代码如下。

```
r=5
net='hao123'
num="abc"
book=[]
pi=p=3.14
visited=True
mingri="www.mingrisoft.com"
east=['鹿','凯尔','热心','77']
dict1={1:'鹿',2:'凯尔',3:'热心',4:'77'}
ciy=('昆明','杭州','深圳','上海','南京','合肥')
name=num
s=pi*r**2
new=r/2+89
leng=len(east)
```

4.2.2 加法赋值运算符“+=”

“+=”是加法赋值运算符，赋值时先将左操作数的值加到右操作数，再将其赋给左操作数，如

a+=1 等价于 a=a+1。在编译程序时，a+=b 比 a=a+b 执行得更有效率，所以使用 a+=b 有利于编译处理，能提高编译效率并产生质量较高的目标代码。示例代码如下。

```
x=5
a=5
b=8
x+=6                          # 值为 11
a+=b                          # 值为 13
b+=(x+1)                      # 值为 20
```

4.2.3 减法赋值运算符 “-=”

“- =” 是减法赋值运算符，赋值时先将左操作数的值减去右操作数，再将其赋给左操作数，如 a- =1 等价于 a=a- 1。示例代码如下。

```
i=8
a=100
b=25
a-=b                          # 值为 75
b-=(i+10)                     # 值为 7
i-=5                          # 值为 3
print(a)
print(i)
print(b)
b-=b                          # 值为 0
i-=(b+5)                      # 值为 -2
```

4.2.4 乘法赋值运算符 “*=”

“*=” 为乘法赋值运算符，赋值时先将左操作数的值乘右操作数，再将结果赋给左操作数，如 a *=3 等价于 a = a*3。示例代码如下。

```
x=2
a=8
b=5
char='mingri'
nba=['1 队','2 队','3 队','4 队']
europe=('europe',('x 国','y 国','z 国'))
x*=4              # 值为 8
b*=a              # 值为 40
```

```
a*=(a+5)         # 值为104
char*=4          # 值为mingrimingrimingrimingri
nba*=2      # 值为['1队', '2队', '3队', '4队', '1队', '2队', '3队', '4队']
europe*=2   # 值为('europe',('x国','y国','z国'),'europe',('x国','y国','z国'))
```

一个正整数的阶乘是所有小于及等于该数的正整数的积，并且 0 的阶乘为 1。自然数 n 的阶乘写作 $n!$，$n!=1\times2\times3\times\cdots\times(n-1)n$。计算阶乘的代码如下。

```
num=int(input("请输入一个正整数:"))
if num==0:
    all=1                # 0的阶乘为1
else:
    all=1                # 阶乘初始值为1
    for i in range(1,num+1):    # 循环累加
        all*=i
print(all)
```

运行程序，输入一个正整数。

运行结果如下。

```
请输入一个正整数:5
120
```

4.2.5 除法赋值运算符“/=”

“/=”是除法赋值运算符，赋值时先将左操作数的值除以右操作数，再将结果赋给左操作数，如 a /=3 等价于 a = a/3。示例代码如下。

```
x=81
a=50
b=4
x/=9              # 值为9.0
a/=b              # 值为12.5
b/=2              # 值为2.0
x/=(b-3)          # 值为-9.0
```

4.2.6 求余赋值运算符“%=”

“%=”是求余赋值运算符，赋值时先对左操作数与右操作数求余，再将结果赋给左操作数，如 a%=3 等价于 a = a%3。示例代码如下。

```
x=100
y=-100
a=50
b=-50
c=32
x%=9            # 值为1
y%=9            # 值为-1
a%=3            # 值为2
b%=-3           # 值为-2
c%=(a+5)        # 值为4
```

4.2.7 幂赋值运算符“**=”

“**=”是幂赋值运算符，赋值时先对左操作数与右操作数进行幂计算，再将结果赋给左操作数，如 a **= 3 等价于 a = a**3。示例代码如下。

```
x=5
y=-5
a=3
b=6
x**=5           # 值为3125
y**=5           # 值为-3125
b**=(a+1)       # 值为1296
a**=7           # 值为2187
```

4.2.8 整除赋值运算符“//=”

“//=”是整除赋值运算符，赋值时先将左操作数与右操作数进行整除，再将结果赋给左操作数，如 a //= 3 等价于 a = a//3。示例代码如下。

```
x=90
y=-90
a=56
b=18
x//=5           # 值为18
y//=5           # 值为-18
a//=b           # 值为3
b//=7           # 值为2
```

4.3 比较运算符

比较运算符，也称关系运算符，用于对变量或表达式的结果进行比较。如果比较结果为真，则返回 True；否则，返回 False。比较运算符在条件语句中通常用于判断。

Python 的比较运算符如表 4.3 所示。

表 4.3 Python 的比较运算符

运算符	含 义	举 例	结 果
= =	等于	'c' = = 'c'	True
!=	不等于	'y' != 't'	True
>	大于	'a' > 'b'	False
<	小于	156 < 456	True
>=	大于或等于	479 >= 426	True
<=	小于或等于	62.45 <= 45.5	False

! 多学两招

在 Python 中，当需要判断一个变量是否介于两个值之间时，可以采用“值 1 < 变量 < 值 2”的形式，如“0 < a < 100”。

4.3.1 等于运算符“==”

“==”是等于运算符，用于比较两个对象是否相等。如果相等，则返回 True；否则，返回 False。等于运算符主要用在条件语句中，可判断条件是否相等或者变量值是否相等。要计算 100 以内被 5 和 7 整除的数的和，代码如下。

```
sum=0
result=[]                           # 定义一个空列表
for i in range(100):
    if i%5==0 and i%7==0:           # i 同时满足可整除 5 和 7
        sum+=i                      # 累加赋值
        result.append(str(i))       # 将整数 i 转为字符串后加到列表中
print('100 以内能被 5 和 7 整除的数： ', ' '.join(result)) #将列表转换为字符串
print('100 以内能被 5 和 7 整除的数之和： ',sum)
```

运行结果如下。

```
100 以内能被 5 和 7 整除的数：  0 35 70
100 以内能被 5 和 7 整除的数之和：  105
```

4.3.2 不等于运算符"!="

"!="是不等于运算符，用于比较对象是否不相等。如果不相等，则返回 True；否则，返回 False。编写程序，遍历列表并输出不等于某值的信息。

要获取公司列表中英文名不是"mrsoft"的所有公司的中文名，代码如下。

```
list_val=[['mrsoft','明日科技有限公司'],
          ['moudu','某度在线网络技术有限公司'],
          ['mouxun','深圳市某讯计算机系统有限公司'],
          ['mouli','某里网络技术有限公司']]
list_new=[]
for (name, val) in list_val:    # 遍历列表
    if name!="mrsoft":          # 判断不等于
        list_new.append(val)    # 添加到新列表
print(list_new)
```

运行结果如下。

```
['某度在线网络技术有限公司', '深圳市某讯计算机系统有限公司', '某里网络技术有限公司']
```

4.3.3 大于运算符">"

">"运算符用于比较对象大小。如果 a 的值大于 b 的值，则 a >b 返回 True；否则，返回 False。要比较数字、字符串、元组、列表和集合等类型数据的大小，示例代码如下。

```
print(2>1)                 # True
print(2.3>1.4)             # True
print('b'>'a')             # True
print('abc'>'abb')         # True
print((1,2,3)>(1,2,2))     # True
print([1,2,3]>[1,2,2])     # True
print({1,2,3}>{1,2,2})     # True
```

4.3.4 小于运算符"<"

"<"运算符用于比较对象大小。如果 a 的值小于 b 的值，则 a < b 返回 True；否则，返回 False。在对序列进行切片操作时，既可以正序切片，也可以倒序切片。编写一个程序，用于计算倒序的索引在正序的位置，代码如下。

```
def fixIndex(object, index):
    if index<0:
```

```
        # 如果index在右侧，则将其转换为左侧
        index+=len(object) + 1
    return index
list_val=[1,2,3,4,5]
index1=fixIndex(list_val,-1)
index2=fixIndex(list_val,-2)
index3=fixIndex(list_val,-3)
index4=fixIndex(list_val,-4)
index5=fixIndex(list_val,-5)
print(f'倒数第1个是正数第{index1}个')
print(f'倒数第2个是正数第{index2}个')
print(f'倒数第3个是正数第{index3}个')
print(f'倒数第4个是正数第{index4}个')
print(f'倒数第5个是正数第{index5}个')
```

运行结果如下。

```
倒数第1个是正数第5个
倒数第2个是正数第4个
倒数第3个是正数第3个
倒数第4个是正数第2个
倒数第5个是正数第1个
```

4.3.5　大于或等于运算符“>=”

“>=”为大于或等于运算符。如果左侧对象大于或等于右侧对象，则返回 True；否则，返回 False。如果 a 的值大于或者等于 b 的值，则 a >=b 返回 True；否则，返回 False。语文考试及格的最低成绩为 60 分。如果成绩大于或者等于 60 分，则成绩及格；否则，成绩不及格。实现该功能的代码如下。

```
score=float(input('请输入你的分数：'))
if score>=60:
    print('恭喜你，考试通过！ ')
else:
    print('很遗憾，没有通过考试')
```

运行结果如下。

```
请输入你的分数：60
恭喜你，考试通过！
```

4.3.6 小于或等于运算符 “<=”

“<=”运算符用于比较对象大小。如果 a 的值小于或者等于 b 的值，则 a<=b 返回 True；否则，返回 False。使用两种方式获取 20 以内的偶数，代码如下。

```
# 方式1：使用列表解析式
list_val=[i for i in range(21) if i%2==0]
print(list_val)
# 方式2：使用循环遍历
list_val=[]
num=0
while num<=20:
    if num%2==0:                # 判断能否被2整除
        list_val.append(num)    # 将偶数追加到列表中
    num+=1                      # 变量自增
print(list_val)
```

运行结果如下。

```
[0, 2, 4, 6, 8, 10, 12, 14, 16, 18, 20]
[0, 2, 4, 6, 8, 10, 12, 14, 16, 18, 20]
```

4.4 逻辑运算符

在每周二上午 10 点至 11 点和每周五下午 2 点至 3 点，某手机店举办某系列手机的折扣让利活动，想参加折扣让利活动的顾客就要在时间上满足两个条件：周二上午 10:00 ~ 11:00，周五下午 2:00 ~ 3:00。这里用到了逻辑关系，Python 提供了相关的逻辑运算符来进行逻辑运算。

逻辑运算符用于对 True 和 False 两种布尔值进行运算，运算后的结果仍是一个布尔值。Python 的逻辑运算符主要包括 and（逻辑与）、or（逻辑或）、not（逻辑非）。表 4.4 所示为逻辑运算符的用法和说明。

表 4.4 逻辑运算符的用法和说明

运算符	含 义	用 法	结合方向
and	逻辑与	op1 and op2	从左到右
or	逻辑或	op1 or op2	从左到右
not	逻辑非	not op	从右到左

当使用逻辑运算符进行逻辑运算时，运算结果如表 4.5 所示。

表 4.5　使用逻辑运算符进行逻辑运算的结果

表达式 1	表达式 2	表达式 1 and 表达式 2	表达式 1 or 表达式 2	not 表达式 1
True	True	True	True	False
True	False	False	True	False
False	False	False	False	True
False	True	False	True	True

例如，通过逻辑运算符模拟实现“参加手机店的折扣让利活动”，具体的实现方式如下。

先在 IDLE 中创建一个名称为 sale.py 的文件，然后在该文件中，使用代码实现本节一开始描述的场景，代码如下。

```
print("\n手机店正在打折，活动进行中……")                         # 输出提示信息
strWeek=input("请输入中文星期（如星期一）：")                      # 输入星期
intTime=int(input("请输入时间中的小时（范围：0~23）："))           # 输入时间
# 判断是否满足活动参与条件（使用了if条件语句）
if(strWeek=="星期二" and  (intTime>=10 and intTime<=11)) or
(strWeek=="星期五" and (intTime>=14 and intTime<=15)):
    print("恭喜您，获得了折扣活动参与资格，快快选购吧！ ")            # 输出提示信息
else:
    print("对不起，您来晚一步，期待下次活动……")                     # 输出提示信息
```

代码说明如下。

在第 2 行代码中，input() 函数用于接收用户输入的字符串。

在第 3 行代码中，由于 input() 函数返回的结果为字符串类型，因此需要进行类型转换。

接下来的代码使用了 if...else 条件判断语句，该语句主要用来判断程序是否满足某种条件。其中对条件进行了判断，使用了逻辑运算符 and、or 和比较运算符 ==、>=、<=。

按 F5 快捷键运行实例，首先输入“星期五”，然后输入时间“19”，将显示图 4.1 所示的结果。再次运行实例，首先输入“星期二”，然后输入时间“10”，将显示图 4.2 所示的结果。

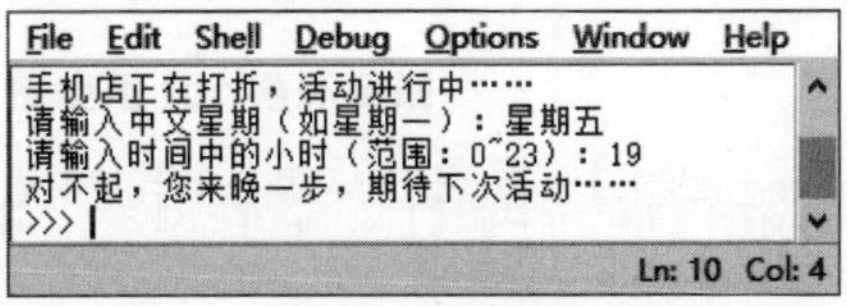

图 4.1　不符合条件的运行结果

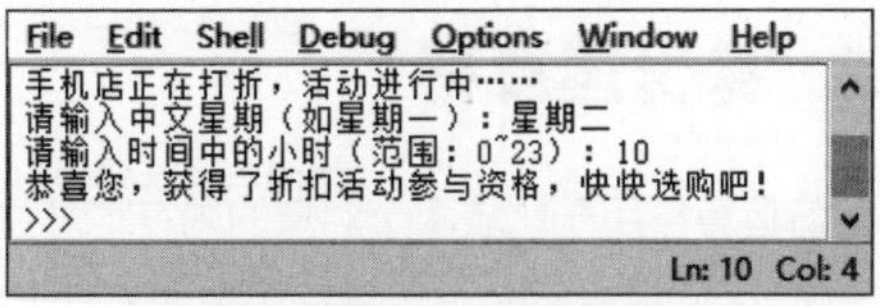

图 4.2　符合条件的运行结果

说明

本示例未对输入错误信息进行校验，所以为保证程序的正确性，请输入合法的星期和时间。另外，有兴趣的读者可以自行添加校验功能。

4.4.1 成员运算符

Python 中的成员运算符可判断一个指定的值是不是序列（如字符串、列表以及元组等）中的成员。Python 有两个成员运算符，如表 4.6 所示。

表 4.6 Python 的成员运算符

运算符	含 义
in	如果在指定的序列中找到变量的值，则返回 True；否则，返回 False
not in	如果在指定的序列中找不到变量的值，则返回 True；否则，返回 False

例如，首先设置 a 变量的值为 1，b 变量的值为 10，然后创建名称为 list 的列表，最后通过成员运算符判断 list 列表中是否存在变量 a 与变量 b 所对应的值。代码如下。

```
a=1    # 定义变量a
b=10   # 定义变量b
list=[1, 2, 3, 4, 5]   # 创建list列表
# 变量a对应的值在list列表中
if a in list:
    print("变量a对应的值在list列表中！ ")
else:
    print("变量a对应的值不在list列表中！ ")
# 变量b对应的值不在list列表中
if b not in list:
    print("变量b对应的值不在list列表中！ ")
else:
    print("变量b对应的值在list列表中！ ")
```

运行结果如图 4.3 所示。

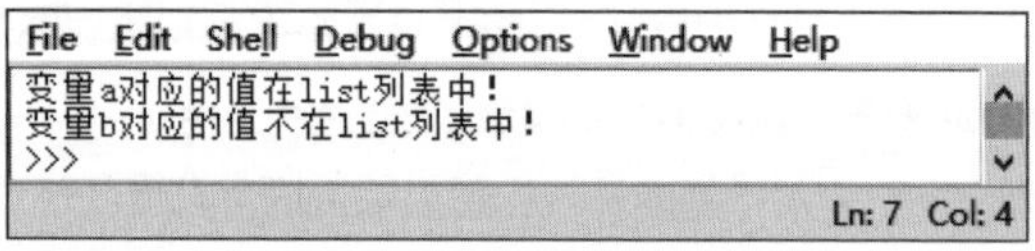

图 4.3 运行结果

4.4.2 身份运算符

身份运算符用于比较两个对象的内存地址是否一致。当在 Python 中遇到 None 值比较时，建议使用 is 判断。Python 的身份运算符如表 4.7 所示。

表 4.7 Python 的身份运算符

运算符	说 明
is	判断两个标识符是不是引用同一个对象，x is y，类似 id(x) == id(y)
is not	判断两个标识符是不是引用不同对象，x is not y，类似 id(a) != id(b)

is 与 == 的区别在于，is 用于判断两个变量引用的对象是不是同一个，== 用于判断引用变量的值是否相等。代码如下。

```
stra=100
strb=100

if(stra is stra):
    print("stra和stra相同")
else:
    print("stra和stra不相同")

if(id(stra)==id(strb)):
    print("stra和stra相同")
else:
    print("stra和stra不相同")
```

运行结果如下。

```
stra和strb相同
```

修改以上代码中 stra 的值为 31200，然后减去 100，看看变量是否相同。代码如下。

```
stra=31200
strb=31100
stra=31200-100
if(stra is strb):
    print("stra和strb相同")
else:
    print("stra和strb不相同")
if(id(stra)==id(strb)):
    print("stra和strb相同")
else:
    print("stra和strb不相同")
```

运行结果如下。

```
stra和strb相同
stra和strb相同
```

4.5 运算符的优先级

所谓运算符的优先级，是指在程序中哪一个运算符先参与计算，哪一个后参与计算，与数学的四则运算应遵循的“先乘除，后加减”是一个道理。

Python 运算符的运算规则如下：优先级高的运算符先执行运算，优先级低的运算符后执行运算，同一优先级的运算符按照从左到右的顺序进行运算。也可以像四则运算那样使用圆括号，圆括号内的运算最先执行。表 4.8 按从高到低的顺序列出了运算符的优先级。同一行中的运算符具有相同的优先级，此时它们的结合方向决定求值顺序。

表 4.8　运算符的优先级

类　型	说　明
**	幂
~、+、-	取反、正号和负号
*、/、%、//	算术运算符
+、-	算术运算符
<<、>>	位运算符中的左移和右移
&	位运算符中的位与
^	位运算符中的位异或
|	位运算符中的位或
<、<=、>、>=、!=、==	比较运算符

！多学两招

在编写程序时尽量使用圆括号“()”来限定运算次序，避免运算次序发生错误。

第 5 章

条件控制语句

程序中的选择语句，也称为条件控制语句（简称条件语句），即按照条件选择执行不同的代码片段。Python 中的选择语句主要有 3 种形式，分别为 if 语句、if...else 语句和 if...elif...else 多分支语句。

5.1 if 语句

Python 中使用 if 关键字来组成条件语句，其语法形式如下。

```
if 表达式：
    语句块
```

其中，表达式可以是单纯的布尔值或变量，也可以是比较表达式或逻辑表达式（如 a > b and a != c）。如果表达式为 True，则执行“语句块”；如果表达式为 False，则跳过“语句块”，继续执行后面的语句。这种形式的 if 语句相当于汉语里的关联词语“如果……就……”，其流程图如图 5.1 所示。

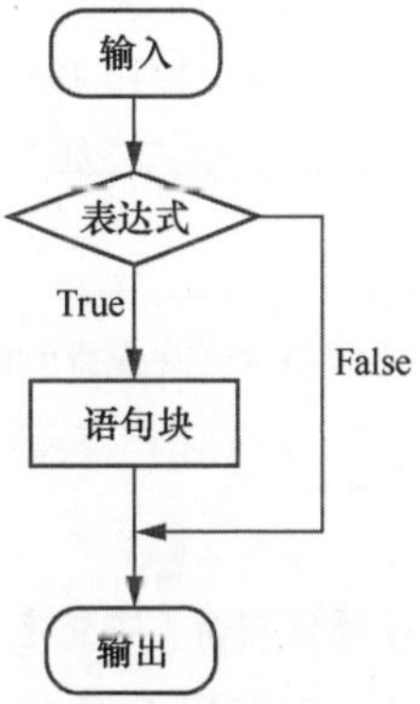

图 5.1 最简单的 if 语句的流程图

在条件语句的表达式中，经常需要进行逻辑判断、比较操作和布尔运算，它们是条件语句的基础，掌握了它们才能够更好地运用条件语句。条件语句中经常用到比较运算符。

1. 相等判断（彩票中奖判断）

如果你购买了一张彩票，现在中奖号码公布出来了，是号码“432678”，那么可以用 if 语句判断你是否中奖。用 if 语句实现的方法如下。

```
number=int(input("请输入您的6位彩票号码: "))          # 输入彩票号码
# 判断是否符合条件，即判断输入的彩票号码是否等于432678
if number==432678 :
    print(number,"你中了本期大奖，请速来领奖！！ ") # 输出中奖信息
if number!=432678 :                                  # 判断是否不符合条件
    print(number,"你未中本期大奖！！ ")              # 输出未中奖信息
```

2. 大于或等于判断（按商品销量分类判断）

在实际商品销售中，经常需要对商品价格、销量进行分类，如日销量大于或等于 100 件的商品，可以用 A 来表示。用 if 语句实现的方法如下。

```
data=105                              # 商品日销量为105件
if data>=100:                         # 判断是否符合条件
    print(data,"此商品为A类商品！！")   # 输出A类商品信息
```

如果商品日销量小于 100 件，可以用 B 来表示。用 if 语句实现的方法如下。

```
data=65                               # 商品日销量为65件
if data<100:                          # 判断是否符合条件
    print(data,"此商品为B类商品！！")   # 输出B类商品信息
```

3. 是否包含判断（成员资格判断）

在开发程序的过程中，若要判断某些元素是否在一定范围内，可以使用 in 或者 not in。例如，在判断用户输入时，经常需要判断用户输入的是数字还是字符，即对输入进行验证。例如，要求用户输入一个小写字母，如果输入正确，则提示用户“输入正确，将进入下一步操作”。用 if 语句实现的方法如下。

```
number=input("请输入一个小写字母:")          # 要求输入小写字母
if number in range(97,123):                # 如果输入符合条件，即输入小写字母
    print("输入正确，将进入下一步操作！！")    # 输出"输入正确，将进入下一步操作！！"
```

如果要求用户输入的是数字（0 ~ 9 的数字），但他输入的是非法字符，则提示用户重新输入。用 if 语句实现的方法如下。

```
Number=[0,9]
if ord(input("请输入一个数字:")) not in range(48,58):
    print("您输入错误，请重新输入！！")
```

4. 逻辑判断（中奖电话尾数查询）

有时可以直接利用相应方法的真值进行逻辑判断。如果条件为真，就执行后续代码块；如果条件为假，就不执行。例如，要求用户输入自己电话号码的 3 位尾数，如果尾数为 301，则提示用户“祝贺

您获得特等奖”。用 if 语句实现的方法如下。

```
phone=input("请输入您的手机号码：")          # 要求输入数字
if phone.endswith('301'):                  # 判断电话号码是否以指定尾数结尾
    print("祝贺您获得特等奖！！")            # 输出"祝贺您获得特等奖！！"
```

如果要求用户输入的是数字（0 ~ 9 的数字），但他输入的是非法字符，则提示用户重新输入。用 if 语句实现的方法如下。

```
Number=[0,9]
while true:
    number=int(input("请输入一个数字：")) # 要求输入0 ~ 9中的一个数字
    if number not in range(0,9) :        # 如果不符合条件，即输入非数字
    print("您输入错误，请重新输入！！")     # 输出"您输入错误，请重新输入！！"
```

说明

当使用 if 语句时，如果只有一条语句，语句块可以直接写到“：”的右侧，如下面的代码所示。

```
if a>b:max=a
```

但是，为了提高程序代码的可读性，不要这么做。

常见错误

if 语句后面未加冒号，如下面的代码所示。

```
number=5
if number==5
    print("number的值为5")
```

运行后，将产生图 5.2 所示的语法错误。

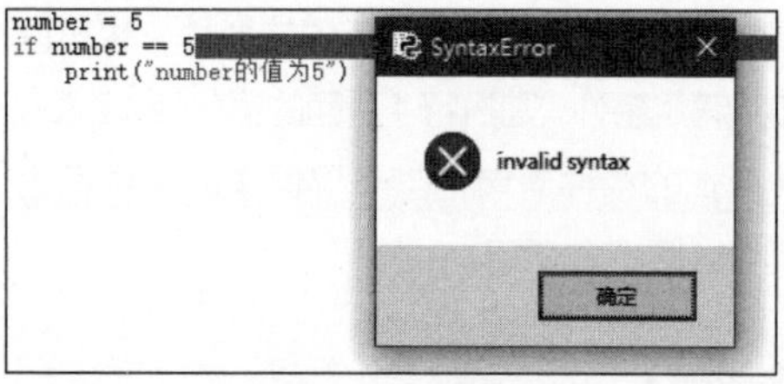

图 5.2　语法错误

解决的方法是在第 2 行代码的结尾处添加英文半角的冒号。正确的代码如下。

```
number=5
if number==5:
    print("number的值为5")
```

常见错误

若使用 if 语句，可能在符合条件时，需要执行多条语句，如以下语句所示。

```
if bmi<18.5:
    print("您的BMI: "+str(bmi))            # 输出BMI
    print("您的体重过轻 ~@_@~")
```

但是，第 2 条输出语句没有缩进，代码如下。

```
if bmi<18.5:
    print("您的BMI: "+str(bmi))            # 输出BMI
print("您的体重过轻 ~@_@~")
```

在运行程序时，无论 BMI 的值是否小于 18.5，都会输出“您的体重过轻 ~@_@~”。这显然与程序的本意是不符的，但程序并不会报告异常，因此这种漏洞很难被发现。

5.2 if...else 语句

生活中经常遇到二选一的问题。如果明天下雨，就去看电影；否则，就去踢足球。如果密码输入正确，就进入网站；否则，需要重新输入密码。如果购物超过 200 元，就可以返 100 元购物券；否则，就只能参加加钱换购活动。

Python 提供了 if...else 语句解决类似问题，其语法格式如下。

```
if 表达式:
    语句块1
else:
    语句块2
```

当使用 if...else 语句时，表达式可以是单纯的布尔值或变量，也可以是比较表达式或逻辑表达式。如果满足条件，则执行 if 后面的语句块；否则，执行 else 后面的语句块。这种形式的条件语句相当于汉语里的关联词语“如果……否则……”，其流程图如图 5.3 所示。

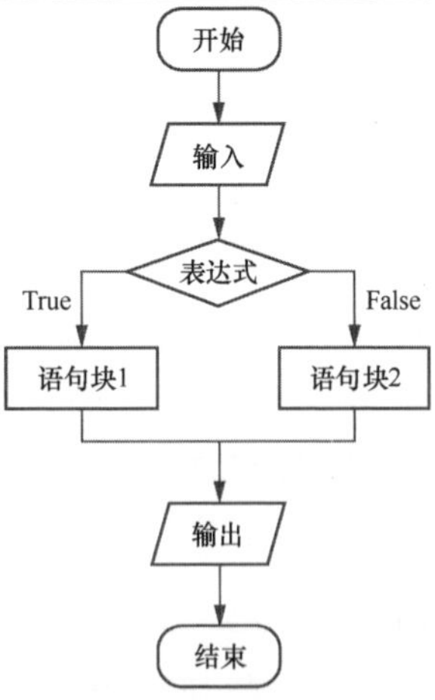

图 5.3 if...else 语句的流程图

1. 相等判断（网站登录用户名判断）

在登录网站时，通常需要输入用户名和密码，然后验证是不是网站注册用户。现在使用 if...else 语句来判断用户输入的用户名是否正确。假设用户名为 mingri，用户输入正确时输出“正在登录网站，请稍候！”，如果输入不正确，则输出“用户名有误！”。

```
user=int(input("用户名:"))           # 输入用户名称
 # 判断是否正确，即判断输入用户名是否等于mingri
if user=="mingri":
    print("正在登录网站，请稍候!")    # 若输入等于mingri，输出"正在登录网站，请稍候!"
else:
    print("用户名有误!")             # 若输入错误，输出"用户名有误!"
```

2. 多条件逻辑与判断（网站登录用户名和登录密码判断）

上面的代码只对用户名进行了验证，下面同时对用户名和登录密码进行验证，这需要使用 and 运算符，代码如下。

```
myuser="mingri"                                   # 用户名
mypwd="888888"                                    # 登录密码
user=input("用户名:")
pwd=input("登录密码:")
# 判断用户名和用户密码是否正确
if user==myuser and pwd==mypwd:
    print("恭喜你，登录成功!")
else:
    print("登录失败!")
```

3. 分类条件判断（商品销量类别判断）

若商品月销量大于或等于 2000 件，用 A 来表示；否则，用 B 来表示。用 if...else 语句实现的方法如下。

```
data=3000                                  # 商品月销量为3000件
if data>=2000:                             # 判断是否符合条件
    print(data,"此商品为A类商品！！")       # 当大于或等于2000时，输出A类商品信息
else:
    print(data,"此商品为B类商品！！")       # 当小于2000时，输出B类商品信息
```

4. 成员资格判断（判断输入是不是数字）

如果进行一定范围内的数据判断，如何实现呢？例如，要求用户只能输入 0 ~ 9 的一个数字，若输入正确，提示“输入正确，你真棒！”，否则，提示“输入不正确，请重新输入！”。实现代码如下。

```
Number=[0,9]
if ord(input("请输入一个数字: ")) in range(48,58):
    print("输入正确，你真棒!")
else:
    print("输入不正确，请重新输入!")
```

5. 两次输入是否相等判断（输入密码与确认密码判断）

在注册某个网站时，不但需要输入密码，还需要判断确认密码与输入密码是否一致，如图 5.4 所示。

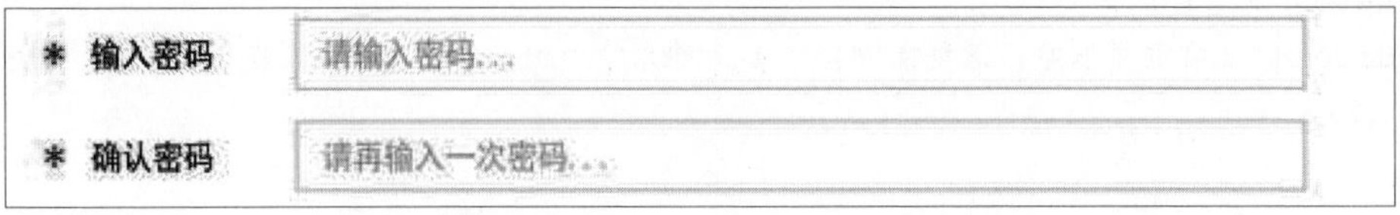

图 5.4　某网站注册时的输入密码与确认密码界面

实现代码如下。

```
pwd=input("输入密码:").strip()               # 要求输入密码，strip()方法用于去除空格
repwd=input("确认密码:").strip()             # 要求输入确认密码，strip()方法用于去除空格
if pwd==repwd :                              # 判断是否一致
    print("密码输入正确!")                   # 输出"密码输入正确!"
else:
    print("确认密码与输入的密码不一致!")       # 输出"确认密码与输入的密码不一致!"
```

运行程序，输入一致的运行结果如图 5.5 所示，输入不一致的运行结果如图 5.6 所示。

```
输入密码: mingrisoft
确认密码: mingrisoft
密码输入正确!
```

图 5.5　输入一致时提示密码输入正确

```
输入密码: mingrisoft
确认密码: mingrisoft123
确认密码与输入的密码不一致!
```

图 5.6　输入不一致时提示确认密码与输入的密码不一致

6. 多条件逻辑或判断（编程语言成绩是否通过查询）

假设有两个条件，只要满足一个条件就为真；否则，为假。例如，在某大学大二上学期编程语言考试成绩的查询中，只要“C 语言”或“Python”课程的考试成绩大于或等于 60 分，就输出“你通过本学期编程语言课程考试！”；否则，输出“你没有通过本学期编程语言课程考试！”，如图 5.7 和图 5.8 所示。

```
输入C语言考试成绩: 75
输入Python考试成绩: 98
你通过本学期编程语言课程考试!
```

图 5.7　通过编程语言学期考试

```
输入C语言考试成绩: 55
输入Python考试成绩: 58
你没有通过本学期编程语言课程考试!
```

图 5.8　没有通过编程语言学期考试

实现代码如下。

```
# 要求输入C语言考试成绩，并用int()函数转换成整数
python=int(input("输入C语言考试成绩:"))
# 要求输入Python考试成绩，并用int()函数转换成整数
c=int(input("输入Python考试成绩:"))
if c>=60 or python>=60:
    print("你通过本学期编程语言课程考试!")
else:
    print("你没有通过本学期编程语言课程考试!")
```

7. 逻辑判断查询（判断列表是否为空列表）

在规范用户输入的数据时，使用空格进行分隔，可以使用 strip() 方法将用户输入的数据转换为列表。如果列表不为空列表，则纵向输出用户输入的数据；否则，输出“你的输入为空列表”。要判断列表是不是空列表，可以直接将列表放到 if 语句后进行逻辑判断。若条件为真，则为非空列表；否则，为空列表。实现代码如下。

```
num=input("请输入几个字符，用空格分隔：")   # 输入总成绩，并用int()函数将其转换成整数
if num.strip("")=="":
    list=[]
else:
    list=num.split(" ")
if list:
    print("你的输入：\n" +("\n").join(list))
else:
    print("你的输入为空列表")
```

运行程序，列表不为空的运行结果如图 5.9 所示，列表为空的运行结果如图 5.10 所示。

```
请输入几个字符，用空格分隔：facebook oracle microsoft google
你的输入：
facebook
oracle
microsoft
google
```

图 5.9　列表不为空列表的运行结果

```
请输入几个字符，用空格分隔：
你的输入为空列表
```

图 5.10　列表为空列表的运行结果

技巧

if...else 语句可以使用条件表达式进行简化，如下面的代码所示。

```
a=-9
if a>0:
    b=a
else:
    b=-a
print(b)
```

以上代码可以简写成以下形式。

```
a=-9
b=a if a>0 else -a
print(b)
```

上一段代码主要用于求绝对值：如果 a > 0，就把 a 的值赋给变量 b；否则，将 - a 的值赋给变量 b。使用条件表达式的好处是可以使代码简洁，并且有一个返回值。

5.3 if...elif...else 语句

当商品月销量大于或等于 2000 件时，商品为 A 类商品；否则，为 B 类商品。但在实际的商品销售中，仅仅判断出类别往往是不够的。例如，某公司的图书在某商城的 7 天销量分类、7 天点击量分类如图 5.11 所示。

商品编号	商品名称	7天销量	7天点击量
12353915	零基础学Python（全彩版）	A	A
12250414	零基础学C语言（全彩版 附光盘小白手册）	A	B
12185501	零基础学Java（全彩版）（附光盘小白手册）	B	B
12163145	C语言项目开发实战入门（全彩版）	B	B
12163091	Java项目开发实战入门（全彩版）	B	B
12271986	零基础学C#（全彩版 附光盘 小白实战手册）	B	B
12163105	Android项目开发实战入门（全彩版）	B	C
12163129	C#项目开发实战入门（全彩版）	C	B
12163151	JavaWeb项目开发实战入门（全彩版）	C	B

图 5.11 销量分类和点击量分类

商品 7 天的销量达到多少是 A 类，达到多少是 B 类，达到多少是 C 类，这是商业秘密，我们无法知晓。为了实现类似的销量分类，我们可以这样规定，若销量大于或等于 1000 本，为 A 类；若销量小于 1000 本、大于或等于 500 本，为 B 类；若销量小于 500 本、大于或等于 300 本，为 C 类；若销量小于 300 本，为 D 类。这样是不是有点复杂？这时候可以使用 if...elif...else 语句，该语句是一个多分支选择语句，通常表现为“如果满足某种条件，进行某种处理；如果满足另一种条件，则执行另一种处理”。if...elif...else 语句的语法格式如下。

```
if 表达式1:
    语句块1
elif 表达式2:
    语句块2
elif 表达式3:
    语句块3
...
else:
    语句块n
```

当使用 if...elif...else 语句时，表达式可以是单纯的布尔值或变量，也可以是比较表达式或逻辑表达式。如果表达式为真，执行语句；如果表达式为假，则跳过该语句，进行下一个 elif 的判断。只有在所有表达式都为假的情况下，才会执行 else 中的语句。if...elif...else 语句的流程图如图 5.12 所示。

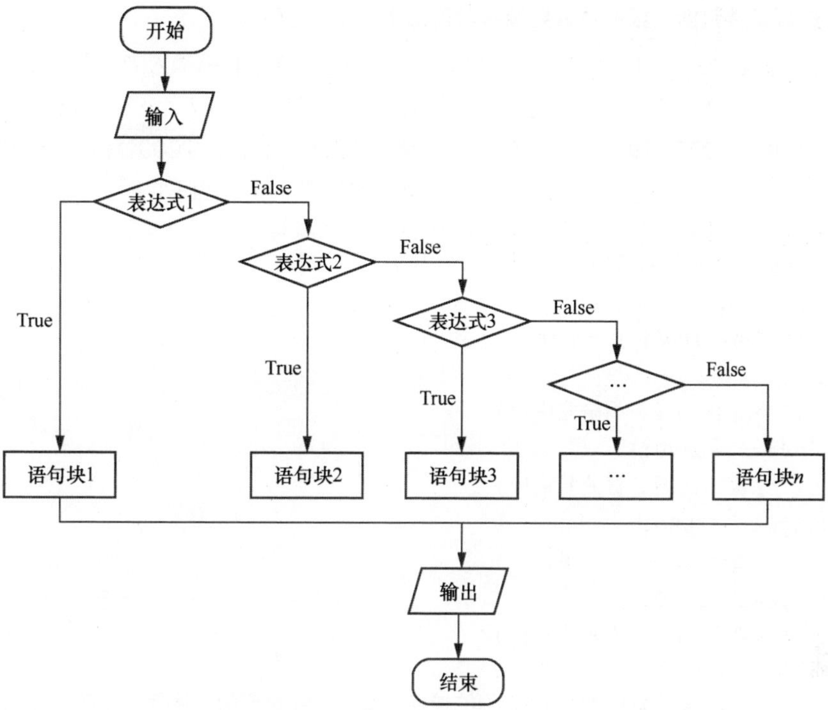

图 5.12　if…elif…else 语句的流程图

1. 四级选择条件判断（商品销售等级分类）

下面用代码将某公司的图书根据在某商城的 7 天销量进行分类，即输入商品 7 天的销量，输出该商品销量属于 A、B、C、D 哪一个级别。

```
number=int(input("请输入商品7天销量:"))    # 输入某个商品7天的销量
if number>=1000:                          # 判断是否符合条件
    print("本商品7天销量为A！！")           # 若大于或等于1000，输出销量评价
elif number>=500:                         # 判断是否符合条件
     print("本商品7天销量为B！！")          # 若大于或等于500，输出销量评价
elif number>=300:                         # 判断是否符合条件
     print("本商品7天销量为C！！")          # 若大于或等于300，输出销量评价
else:                                     # 判断是否符合条件
     print("本商品7天销量为D！！")          # 若小于300，输出销量评价
```

如果商品的销量高于或等于 1000 件，则输出“本商品 7 天销量为 A！！”；如果低于 300 件，则输出“本商品 7 天销量为 D！！”。

计篇

if 和 elif 语句都需要判断表达式的真假，而 else 语句不需要判断。另外，elif 和 else 语句都必须和 if 语句一起使用，不能单独使用。

2. 五级复合选择条件判断（根据输入判断年龄阶层）

当大家还在谈论 00 后、10 后的时候，20 后已经出生了。要求根据输入的出生年份，判断属于哪个年龄阶层。例如：输入 1978，输出“您属于 70 后，老骥伏枥！”；输入 1985，输出“您属于 80 后，任重道远！”；输入 1997，输出“您属于 90 后，劈波斩浪！”；输入 2000，输出“您属于 00 后，柳暗花明！”；输入 2012，输出“您属于 10 后，前程似锦！”。实现代码如下。

```
year=int(input('请输入您的出生年份：\n '))
if year>=2010:
    print('您属于10后，前程似锦！')
elif 2010>year>=2000:
    print('您属于00后，柳暗花明！')
elif 2000>year>=1990:
    print('您属于90后，劈波斩浪！')
elif 1990>year>=1980:
    print('您属于80后，任重道远！')
elif 1980>year>=1970:
    print('您属于70后，老骥伏枥！')
```

上面的代码中，需要注意的是年份范围的控制，如 00 后的年份范围写成 2010>year>=2000，边界不能包括 2010，但必须包括 2000。选择条件 2010>year>=2000 也可以写成 year>=2000 and year<2010。另外，elif 语句也可以用 else...if 语句替代，只是代码会变得比较复杂，可读性会变差。用 else...if 语句实现的代码如下。

```
year=int(input('请输入您的出生年份：\n '))
if year>=2010:
    print('您属于10后，前程似锦！')
else:
    if 2010>year>=2000:
        print('您属于00后，柳暗花明！')
    else:
        if 2000>year>=1990:
            print('您属于90后，劈波斩浪！')
        else:
            if 1990>year>=1980:
                print('您属于80后，任重道远！')
            else:
                if 1980>year>=1970:
                    print('您属于70后，老骥伏枥！')
```

3. 循环条件判断（数字猜谜游戏）

编写一个数字猜谜游戏，如果用户输入的数字小于指定数字，则提示“猜的数字小了。”；如果用户输入的数字大于指定数字，则提示“猜的数字大了。”；如果输入的数字等于指定数字，则提示“恭喜，你猜对了！”。为实现循环，可使用 while 循环语句和 if 语句进行配合。实现代码如下。

```
number=15
guess=-1
print("数字猜谜游戏！")
while guess!= number:
    guess=int(input("请输入你猜的数字："))
    if guess==number:
        print("恭喜，你猜对了！")
    elif guess<number:
        print("猜的数字小了。")
    elif guess>number:
        print("猜的数字大了。")
```

5.4　if 语句的嵌套

前面介绍了 3 种形式的 if 语句，这 3 种形式的 if 语句都可以进行互相嵌套。

要在简单的 if 语句中嵌套 if...else 语句，形式如下。

```
if 表达式1:
    if 表达式2:
        语句块1
    else:
        语句块2
```

要在 if...else 语句中嵌套 if...else 语句，形式如下。

```
if 表达式1:
    if 表达式2:
        语句块1
    else:
        语句块2
else:
    if 表达式3:
        语句块3
    else:
        语句块4
```

1. 两级嵌套选择语句（坐标象限判断）

平面直角坐标系中 x 轴和 y 轴将坐标系划分出 4 个区域，每一个区域都是一个象限。象限以原点为中心，以 x 轴、y 轴为分界线。右上的区域称为第一象限（$x>0$，$y>0$），左上的区域称为第二象限（$x<0$，$y>0$），左下的区域称为第三象限（$x<0$，$y<0$），右下的区域称为第四象限（$x>0$，$y<0$）。坐标轴上的点不属于任何象限，象限关系如图 5.13 所示。如果要编写一个程序，根据用户输入的坐标，判断其属于第几象限，可以使用 if 嵌套语句来对输入的 x 值、y 值（$x \neq 0$，$y \neq 0$）进行判断，从而实现对输入坐标所属象限的判定。坐标象限判断算法如图 5.14 所示。

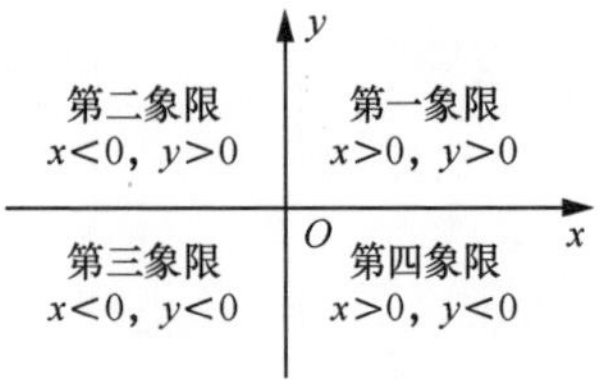

图 5.13　象限关系

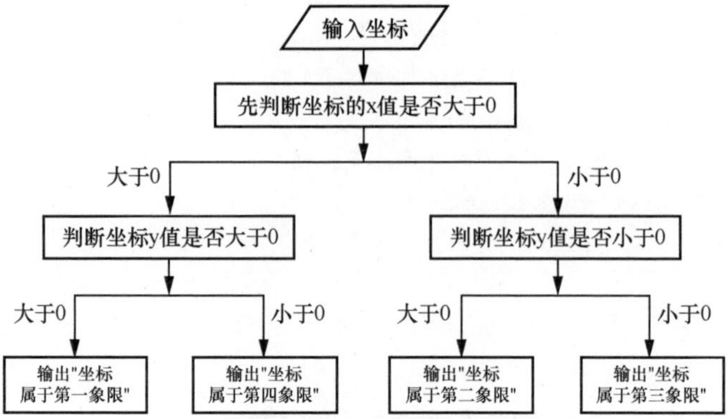

图 5.14　坐标象限判断算法

根据算法，编写代码如下。

```
x=int(input("请输入x坐标:"))   # 输入坐标的x值
y=int(input("请输入y坐标:"))   # 输入坐标的y值
if x>0:
    if y>0:                              # 如果x>0，y>0，则坐标属于第一象限
        print("坐标属于第一象限！")
    else:                                # 如果x>0，y<0，则坐标属于第四象限
        print("坐标属于第四象限！")
else:
    if y>0:                              # 如果x<0，y>0，则坐标属于第二象限
        print("坐标属于第二象限！")
    else:                                # 如果x<0，y<0，则坐标属于第三象限
        print("坐标属于第三象限！")
```

运行程序，输入坐标，运行结果如图 5.15 和图 5.16 所示。

图 5.15　$x<0$，$y>0$，坐标属于第二象限

图 5.16　$x>0$，$y<0$，坐标属于第四象限

2. 多级嵌套选择语句（产品销售类别判断）

下面使用 if 嵌套语句根据商品 7 天的销量输出销量分类，即根据输入商品 7 天的销量，输出该商品属于 A、B、C、D 哪一个类别。代码如下。

```
number=int(input("请输入商品7天的销量:"))  # 输入某个商品7天的销量
if number>=1000:                          # 判断是否符合条件
    print("本商品为A类!!")                 # 若大于或等于1000,输出销量评价
else:
    if number>=500:                       # 判断是否符合条件
        print("本商品为B类!!")             # 若大于或等于500,输出销量评价
    else:
        if number>=300:                   # 判断是否符合条件
            print("本商品为C类!!")         # 若大于或等于300,输出销量评价
        else:
            print("本商品为D类!!")         # 若小于300,输出销量评价
```

如果输入商品的销量大于或等于 1000 件，则输出“本商品为 A 类！！”；如果低于 300 件，则输出“本商品为 D 类！！”。

3.“循环 +if”嵌套选择语句（出租车运营里程计费的实现）

某城市出租车计费方式如下：出租车起步价 8 元，包含 2 千米；对于超过 2 千米的部分，每千米收取 1.5 元；对于超过 12 千米的部分，每千米收取 2 元。利用嵌套的 if 语句实现输入行驶里程，计算出需要支付的费用。算法如图 5.17 所示。

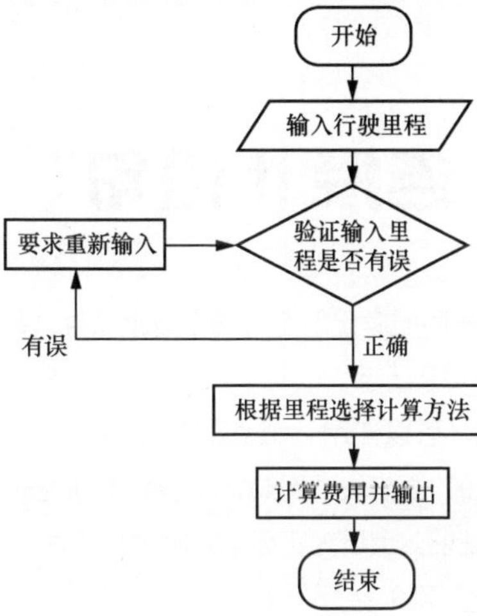

图 5.17 算法

根据算法，编写代码如下。

```
while True:
    mileage=float(input('请输入行驶的千米数:'))
    if mileage<=0:
        print('行驶千米数输入错误，请重新输入:')
    else:
        if mileage<=2 and mileage>0:
            print('行驶里程为'+ str(mileage) +'千米，您需要支付8元车费!')
        if mileage>2 and mileage<=12:
            cost=8+(mileage-2)*1.5
```

```
        print('行驶里程为'+str(mileage) + '千米，您需要支付 %s'%cost,'元
        车费！')
    if mileage>12:
        cost=8+(12-2)*1.5+(mileage-12)*2
        print('行驶里程为'+str(mileage) + '千米，您需要支付%s'%cost,'元
        车费！')
```

运行程序，输入行驶的里程，运行结果如图 5.18 所示。

```
请输入行驶的千米数: 3
行驶里程为3.0千米，  您需要支付 9.5 元车费!
请输入行驶的千米数: 12
行驶里程为12.0千米，  您需要支付 23.0 元车费!
请输入行驶的千米数: 2
行驶里程为2.0千米，  您需要支付8元车费!
请输入行驶的千米数:
```

图 5.18　出租车车费计算

说明

if 语句可以有多种嵌套方式，开发程序时可以根据自身需要选择合适的嵌套方式，但要严格控制好不同级别代码块的缩进量。

5.5　使用 and 连接 if 语句

在实际工作中，经常会遇到需要同时满足两个或两个以上条件才能执行 if 后面的语句块的情况，其流程图如图 5.19 所示。

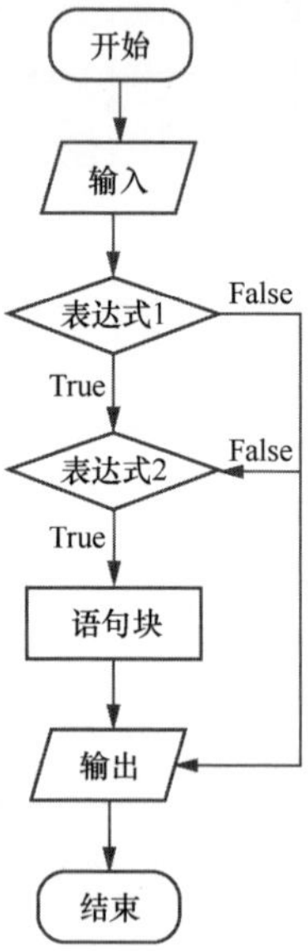

图 5.19　满足两个条件的流程图

and 是 Python 的逻辑运算符，可以使用 and 进行多个条件的判断。只有同时满足多个条件，才能执行 if 后面的语句块。例如，年龄在 18 周岁以上 70 周岁以下的人，可以申请小型汽车驾驶证。上述内容可以分解为如下两个条件。

（1）年龄在 18 周岁以上，即“年龄 >=18”。

（2）年龄在 70 周岁以下，即“年龄 <=70”。

使用 and 来实现这两个条件的判断，输入满足条件的年龄，使用 print() 函数输出“您可以申请小型汽车驾驶证！”，代码如下。

```
age=int(input("请输入您的年龄:"))          # 输入年龄
if age>=18 and age<=70:                   # 输入年龄是否在18 ~ 70
# 输出"您可以申请小型汽车驾驶证！"
    print("您可以申请小型汽车驾驶证！")
```

其实，不用 and，只用 if 嵌套语句，也可以实现上面的效果，代码如下。

```
age=int(input("请输入您的年龄:"))                # 输入年龄
if age>=18 :                                    # 输入年龄是否在18~70
    if age<=70:
        print("您可以申请小型汽车驾驶证！")    # 输出"您可以申请小型汽车驾驶证！"
```

要求除以 3 余 2、除以 5 余 3、除以 7 余 2 的最小整数，可利用 and 连接多个条件语句，代码如下。

```
print("今有物不知其数，三三数之剩二,五五数之剩三,七七数之剩二，问物几何？ \n")
number=int(input("请输入您认为符合条件的数:"))            # 输入一个数
if number%3==2 and number%5==3 and number%7==2:      # 判断是否符合条件
    print(number,"符合条件：三三数之剩二,五五数之剩三,七七数之剩二")
```

运行程序，当输入 23 时，结果如图 5.20 所示。

当输入 17 时，结果如图 5.21 所示。

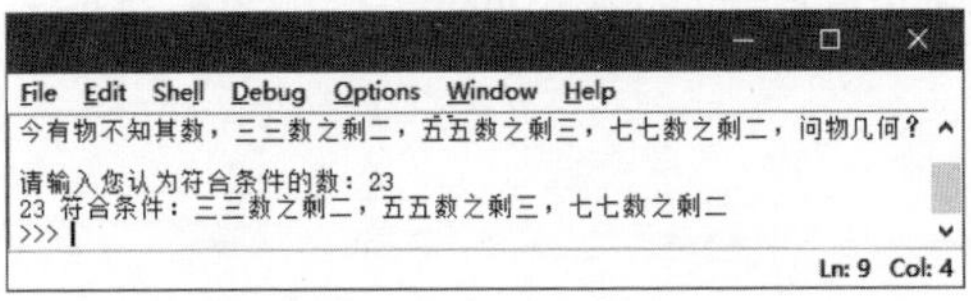

图 5.20　输入符合条件的运行结果

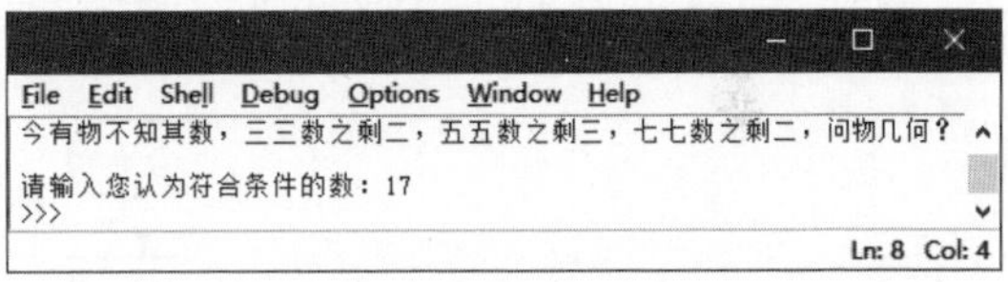

图 5.21　输入不符合条件的运行结果

说明

当输入的是不符合条件的数时，程序没有任何反应，读者可以自己编写相关代码解决该问题。

我国的车船使用税实行定额税率。定额税率（也称固定税额）是税率的一种特殊形式。定额税率计算简便，是适宜从量计征的税种。由于船舶与车辆的行驶情况不同，因此它们的使用税的税额计算方式也有所不同。例如，游艇是按照艇长计算车船税的，具体税额计算方式如下。

（1）对于艇身长度不超过 10 米的游艇，每米收 600 元。

（2）对于艇身长度超过 10 米但不超过 18 米的游艇，每米收 900 元。

（3）对于艇身长度超过 18 米但不超过 30 米的游艇，每米收 1300 元。

（4）对于艇身长度超过 30 米的游艇，每米收 2000 元 。

编写程序，根据输入游艇的长度，计算该游艇的车船使用税。

```
tax=0
long = float(input('请输入游艇的长度：\n '))
if long<=10 :
    tax=format(long*600,'.2f')
elif long>10 and long<=18:
    tax=format(long*900,'.2f')
elif long>18 and long<=30:
```

```
    tax=format(long*1300,'.2f')
elif long>30:
    tax=format(long*2000,'.2f')
print('该游艇的车船使用税为'+tax+'元')
```

运行程序，当输入 20 和 58 时，结果分别如图 5.22 和图 5.23 所示。

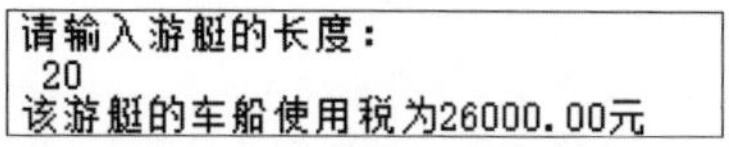

图 5.22　20 米游艇的车船使用税

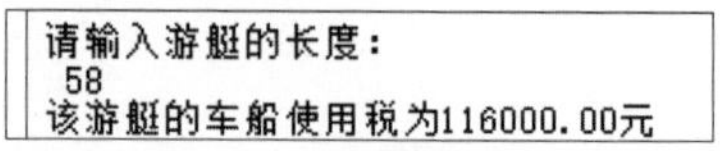

图 5.23　58 米游艇的车船使用税

5.6　使用 or 连接 if 语句

有时，会遇到只要满足两个或两个以上条件之一，就能执行 if 后面的语句块的情况，如图 5.24 所示。

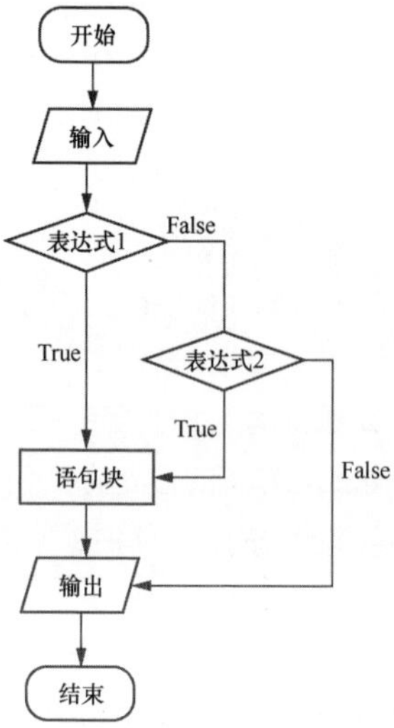

图 5.24　满足两个条件之一的流程图

or 是 Python 的逻辑运算符，可以使用 or 进行多个条件的判断。只要满足一个条件，就可以执行 if 后面的语句块。例如，将日销量低于 10 件的商品、高于 100 件的商品，列为重点关注商品。可使用 or 来实现两个条件的判断，输入满足条件的日销量，使用 print() 函数输出“该商品为重点关注商品”，代码如下。

```
sales=int(input("请输入商品日销量"))        # 输入商品日销量
if sales<10 or sales>100:                   # 判断条件
    print("该商品为重点关注商品")           # 输出"该商品为重点关注商品"
```

不用 or 语句，只用两个简单的 if 语句，也可以实现上面的效果，代码如下。

```
sales=int(input("请输入商品日销量"))          # 输入商品日销量
if sales<10 :                                # 判断条件
    print("该商品为重点关注商品")              # 输出"该商品为重点关注商品"
if sales>100:                                # 判断条件
    print("该商品为重点关注商品")              # 输出"该商品为重点关注商品"
```

5.7 使用 not 的 if 语句

在实际开发中，可能面临如下情况。

- 如果变量值不为空值，则输出“You win !”；否则，输出“You lost !”。
- 在密码输入过程中，输入的非数字均被视为非法输入。

在开发中可使用 not 来进行判断。not 为逻辑运算符，当与 if 连用时，若 not 后面的表达式为 False，执行第一个冒号后面的语句。例如，编写下面的代码。

```
data=None
if not data:            # 代码并没有为data赋值，所以data是空值，即data为False
    print("You lost!")  # 输出结果为“You lost!”
else:
    print("You win!")   # 输出结果为“You win!”
```

本程序的输出结果为“You lost !”。注意，当 not 后面的表达式为 False 的时候，执行第一个冒号后面的语句，所以not后面的表达式的值尤为关键。如果在以上代码前加入以下代码，则输出结果为“You win !”。

```
data="a"
```

说明

在 Python 中，False、None、空字符串、空列表、空字典、空元组都相当于 False。

第 6 章

循环结构语句

日常生活中有很多问题（如盖楼，所有高楼都是一层一层地垒起来的）无法一次解决，还有一些事物必须周而复始地运转才能保证其存在的意义，如公交车、地铁等交通工具必须每天往返于始发站和终点站。类似这样反复做同一件事的情况，称为循环。循环主要有两种类型——计次循环和条件循环。

重复一定次数的循环，称为计次循环，如 for 循环。

一直重复，直到条件不满足时才结束的循环，称为条件循环。只要条件为真，这种循环（如 while 循环）就会一直持续下去。

6.1 基础 for 循环

for 循环是计次循环，通常适用于枚举或遍历序列，以及迭代对象中的元素，一般用在循环次数已知的情况下。其语法格式如下。

```
for 迭代变量 in 对象:
    循环体
```

其中，迭代变量用于保存读取出的值；对象为要遍历或迭代的目标，该对象可以是任何有序序列，如字符串、列表和元组等；循环体为一组重复执行的语句。

for 循环语句的流程图如图 6.1 所示。

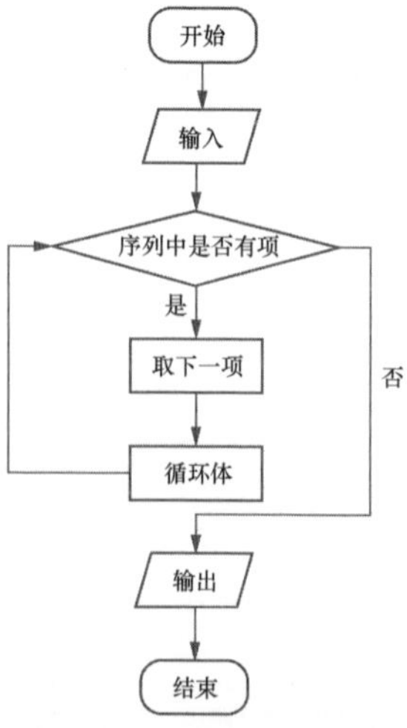

图 6.1　for 循环语句的流程图

我们用现实生活中的例子来理解 for 循环语句的流程图。在体育课上，体育老师要求同学们排队进行踢毽球测试，每个同学只有一次机会，若毽球落地，则换另一个同学测试，直到全部同学都测试完毕，循环结束。

6.1.1　进行数值循环

for 循环最基本的应用之一就是进行数值循环，数值循环可以帮助我们解决很多重复的输入或计算问题。例如，可以利用数值循环按顺序批量输出带 3 位数字的档案编号，代码如下。

```
for num in "12345":                    # 用for语句循环从"12345"取值
    print('档案编号DS'+num.zfill(3))
```

运行结果如图 6.2 所示。

```
档案编号DS001
档案编号DS002
档案编号DS003
档案编号DS004
档案编号DS005
```

图 6.2　运行结果

在上面的代码中，for 循环语句从“12345”中取字符串“1”“2”“3”“4”“5”并赋给变量 num。要生成指定位数的编号，最简单的方式之一是使用 zfill() 方法。zfill() 方法可返回指定长度的字符串，并使原字符串右对齐，即在前面填充 0，如 '1'.zfill(3) 的值为 001，'1'.zfill(4) 的值为 0001。

在上面的代码中，把字符串“12345”换成元组 (“1”，“2”，“3”，“4”，“5”)，运行程序。发现程序正常运行。把“12345”换成元组 (1,2,3,4,5) 呢？运行程序会出现图 6.3 所示的错误。因为元组 (1,2,3,4,5) 内的元素是数字元素，所以变量 num 每次的取值也是数字，需要使用 str() 函数将其转换为字符串，然后使用 zfill() 方法生成 3 位编号的字符串。

```
AttributeError: 'int' object has no attribute 'zfill'
```

图 6.3　运行结果

利用数值循环输出列表的值，如输出 [“自强不息”，“厚德载物”] 中的值，代码如下。

```
for i in ["自强不息","厚德载物"]:
    print(i)                            # 输出"自强不息""厚德载物"
```

运行结果如下。

```
自强不息
厚德载物
```

6.1.2　利用 range( ) 函数强化循环

利用列表可以输出一些简单重复的内容，但如果循环次数过多，例如，从整数 1 到 20 的累乘该如何实现呢？这就需要使用 range() 函数了。利用 range() 函数实现的代码如下。

```
result=1
for i in range(1,21):
    result *=(i+1)                            # 实现累乘功能
print("计算1*2*3*...*21的结果为"+str(result))  # 在循环结束时输出结果
```

运行结果如下。

```
计算1*2*3*…*21的结果为51090942171709440000
```

在上面的代码中，使用了range()函数，该函数是Python内置的函数，可用于生成一系列连续的整数，且多用于for循环语句中。其语法格式如下。

```
range(start,end,step)
```

参数说明如下。

- start：用于指定计数的起始值，可以省略，如果省略，则从0开始。
- end：用于指定计数的结束值（但不包括该值，如从range(7)得到的值为整数0 ~ 6，不包括7），不能省略。当range()函数中只有一个参数时，表示指定计数的结束值。
- step：用于指定步长，即两个数的间隔，可以省略，如果省略，则表示步长为1。例如，从rang(1,7)将得到1，2，3，4，5，6。

注意

在使用range()函数时，如果只有一个参数，那么表示的是end；如果有两个参数，则表示的是start和end；只有3个参数都存在时，最后一个才表示步长。

例如，使用下面的for循环语句，将输出10以内的所有奇数。

```
for i in range(1,10,2):
    print(i,end=' ')
```

运行结果如下。

```
1 3 5 7 9
```

多学两招

在Python 2.x中，如果想让输出的内容在一行上显示，可以在后面加上逗号（如print i,）；但是在Python 3.x中，使用print()函数时不能直接加逗号，需要加上“,end = '分隔符'”，在上面的代码中使用的分隔符为一个空格。

说明

在Python 2.x中，除了range()函数外，还提供了一个xrange()函数，用于解决range()函数会不经意间消耗掉所有可用内存的问题，而在Python 3.x中删除了xrange()函数。

使用range()函数，计算整数1 ~ 100的累加和。设置起始值为1，结束值为101（不包含101，所以范围是1 ~ 100），编写如下代码。

```
result=0
for i in range(1,101):
    result+=i                                   # 实现累加功能
print("计算1+2+3+...+100的结果为"+str(result))    # 在循环结束时输出结果
```

运行结果如下。

```
计算1+2+3+…+100的结果为5050
```

以上代码中的 range(1,101) 也可以省略起始值 1，即写成 range(101)，代码如下。

```
result=0
for i in range(101):
    result+=i                                    # 实现累加功能
print("计算1+2+3+…+100的结果为"+str(result))    # 在循环结束时输出结果
```

使用 range() 函数，计算整数 1 ~ 500 中 5 的倍数的累加和。设置起始值为 0，结束值为 501，步长为 5（不包含 501，所以范围是整数 0 ~ 500），编写如下代码。

```
result=0
for i in range(0,501,5):
    result+=i                                    # 实现累加功能
print("1到500中所有5的倍数的和为"+str(result))   # 在循环结束时输出结果
```

运行结果如下。

```
1到500中所有5的倍数的和为25250
```

使用 range() 函数，如果步长为负值，那么起始值要大于结束值。例如，计算整数 50 ~ 12 的偶数累加和，步长为 -2，编写如下代码。

```
result=0
for i in range(50,10,-2):
    result+=i                                    # 实现累加功能
print("整数12到50的偶数累加结果为"+str(result))   # 在循环结束时输出结果
```

运行结果如下。

```
整数12到50的偶数累加结果为620
```

6.1.3 遍历字符串

使用 for 循环语句不仅可以循环数值，还可以逐个遍历字符串。例如，下面的代码可以将横向显示的字符串转换为纵向显示。

```
string='千秋功业'
print(string)                        # 横向显示
for ch in string:
    print(ch)                        # 纵向显示
```

运行结果如下。

```
千秋功业
千
秋
功
业
```

6.2 嵌套的 for 循环

在 Python 中，允许在一个循环体中嵌入另一个循环，这称为循环嵌套。例如，在进电影院后，需要知道自己在第几排、第几列才能准确找到自己的座位号。为了寻找图 6.4 中第 2 排、第 4 列的座位号，首先需要寻找第 2 排，然后在第 2 排寻找第 4 列，这个寻找座位的过程类似于循环嵌套。

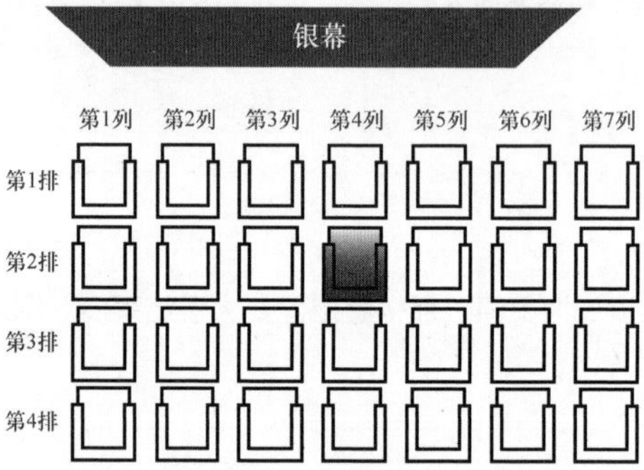

图 6.4　寻找座位

在 Python 中，在 for 循环中嵌套 for 循环的格式如下。

```
for 迭代变量1 in 对象1:
    for 迭代变量2 in 对象2:
        循环体2
    循环体1
```

6.2.1 遍历嵌套列表

可通过 for 循环遍历列表。对于嵌套列表，如果要把嵌套列表内的元素遍历出来，就需要使用 for 循环嵌套。例如，要遍历 province 列表，分别输出两个嵌套列表的省份，代码如下。

```
province=[['江苏', '浙江', '安徽','江西','福建'],['四川', '云南', '贵州']]
for item in province :
    print('\n该区域有',len(item),'个省份')
    for it in item :
        print(it,end=',')
```

运行结果如下。

```
该区域有 5 个省份
江苏,浙江,安徽,江西,福建,
该区域有 3 个省份
四川,云南,贵州,
```

如果只想输出嵌套列表的元素，可以使用 for 列表推导式，代码如下。

```
new=[j for i in province  for j in i]
print(new)
```

运行结果如下。

```
['江苏', '浙江', '安徽', '江西', '福建',  '四川', '云南', '贵州']
```

6.2.2 生成多少个互不相同且无重复数字的三位数

for 循环嵌套与 if 语句配合，可以实现复杂的数据处理。例如，要计算整数 1、2 和 3 能组成多少个互不相同且无重复数字的三位数，代码如下。

```
count=0
for i in range(1,4):
    for j in range(1,4):
        if i==j:
            continue
        for k in range(1,4):
            if k!=i and k!=j:
                print("%d%d%d" % (j,i,k), end=",")
                count+=1
            else:
                continue
print("\n无重复数字的三位数个数:",count)
```

运行结果如下。

```
213,312,123,321,132,231,
无重复数字的三位数个数: 6
```

6.2.3 生成数字矩阵

for 循环嵌套可以组成数字矩阵或图形矩阵，如按输入数据生成指定长度与宽度的数字矩阵，w 表示矩阵的长度，h 表示矩阵的高度，实现代码如下。

```
h=int(input('请输入高度'))
w=int(input('请输入长度'))
for m in range(1,1+h):
```

```
    for n in range(m,m+w):
        print('%2d'%n,end=' ')
    print()
```

运行结果如下。

```
请输入高度 6
请输入长度 9
 1  2  3  4  5  6  7  8  9
 2  3  4  5  6  7  8  9 10
 3  4  5  6  7  8  9 10 11
 4  5  6  7  8  9 10 11 12
 5  6  7  8  9 10 11 12 13
 6  7  8  9 10 11 12 13 14
```

6.3 for 表达式

for 表达式能利用可迭代对象创建新的序列，所以 for 表达式也称为序列推导式，具体语法格式如下。

```
[表达式 for 迭代变量 in 可迭代对象 if 条件表达式 ]
```

可迭代对象是可从中提取元素的对象，迭代变量是新生成的序列。if 条件表达式用于控制生成条件，可对迭代变量进行控制，但它不是必需的，可以省略。要计算整数 0 ~ 9 的二次方，实现代码如下。

```
num=range(10)
new=[i*i for i in num]
print(new)
```

运行结果如下。

```
[0, 1, 4, 9, 16, 25, 36, 49, 64, 81]
```

要计算 0 ~ 9 中偶数的二次方，就需要使用 if 条件表达式控制生成条件，控制 i 为偶数时生成幂，实现代码如下。

```
num=range(10)
new=[i*i for i in num if i%2==0]
print(new)
```

运行结果如下。

```
[0, 4, 16, 36, 64]
```

上面计算 0 ~ 9 中偶数的二次方的 for 表达式中元素的对应关系如图 6.5 所示。

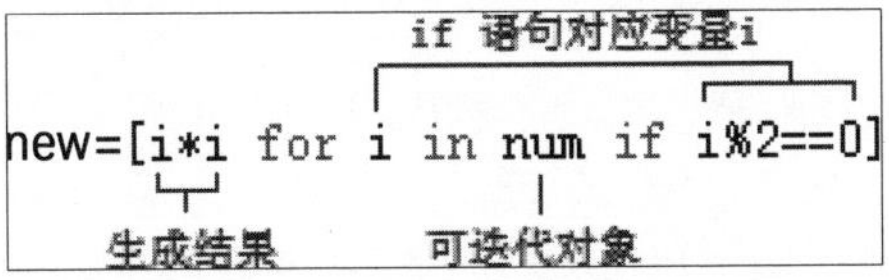

图 6.5　for 表达式中元素的对应关系

for 表达式与普通 for 循环的区别如下。

（1）新生成的序列是通过 for 关键字前面的表达式建立的，与 for 关键字后的迭代变量直接关联。

（2）for 表达式生成的序列类型与外侧的序列标志有关：若外侧为 [ ]，则生成列表；若外侧为 ( )，则生成元组；若外侧为 { }，则生成字典。

（3）for 表达式只有一行，返回的是一个序列，也称为序列推导式。

6.3.1　利用 for 表达式生成数字、字母

在编写程序的过程中，有时需要使用数字，有时需要使用英文字母。利用 for 表达式可以快速生成整数 0~9、小写英文字母 a~z、大写英文字母 A~Z，示例代码如下。

```
digit=[chr(i) for i in range(48, 58)]
numu=[chr(i) for i in range(97, 123)]
numl=[chr(i) for i in range(65, 91)]
print(digit)
print(numu)
print(numl)
```

运行结果如下。

```
['0', '1', '2', '3', '4', '5', '6', '7', '8', '9']
['a', 'b', 'c', 'd', 'e', 'f', 'g', 'h', 'i', 'j', 'k', 'l', 'm', 'n', 'o',
'p', 'q', 'r', 's', 't', 'u', 'v', 'w', 'x', 'y', 'z']
['A', 'B', 'C', 'D', 'E', 'F', 'G', 'H', 'I', 'J', 'K', 'L', 'M', 'N', 'O',
'P', 'Q', 'R', 'S', 'T', 'U', 'V', 'W', 'X', 'Y', 'Z']
```

6.3.2　双层 for 表达式

另外，上述列表推导式都只有一个循环，实际上 for 表达式也可以使用多个循环，就像循环嵌套一样。代码如下。

```
d_list=[(x, y) for x in range(5) for y in range(4)]
print(d_list)
```

上面的代码中，x 是遍历 range(5) 的迭代变量，该 x 可迭代 5 次；y 是遍历 range(4) 的迭代变量，该 y 可迭代 4 次。因此，该（x,y）表达式一共会迭代 20 次。上面的 for 表达式相当于如下循环嵌套。

```
dd_list=[]
for x in range(5):
    for y in range(4):
        dd_list.append((x, y))
```

运行结果如下。

```
[(0, 0), (0, 1), (0, 2), (0, 3), (1, 0), (1, 1), (1, 2), (1, 3), (2, 0),
(2, 1), (2, 2), (2, 3), (3, 0), (3, 1), (3, 2), (3, 3), (4, 0), (4, 1),
(4, 2), (4, 3)]
```

在嵌套的 for 表达式中，也可以添加 if 条件，示例如下。

```
a=[[i,j] for i in range(5) for j in range(5) if j==i]
print (a)
```

上面的例子中，只有当 i 和 j 相等时，才会进行迭代。

6.3.3 3 层 for 表达式

for 表达式也支持 3 层嵌套的 for 表达式，代码如下。

```
e_list=[[x, y, z] for x in range(5) for y in range(4) for z in range(6)]
print(e_list)
```

对于包含多个循环的 for 表达式，同样可指定 if 条件。假如我们有一个需求：程序要将两个列表中的数值按“能否整除”的关系配对。例如，src_a 列表包含 30，src_b 列表包含 5，其中 30 可以被 5 整除，因此将 30 和 5 配对。对于上面的需求，使用 for 表达式来满足非常简单，代码如下。

```
src_a=[30, 12, 66, 34, 39, 78, 36, 57, 121]
src_b=[3, 5, 7, 11]
# 只要y能整除x，就将它们配对
result=[(x, y) for x in src_b for y in src_a if y%x==0]
print(result)
```

运行结果如下。

```
[(3, 30), (3, 12), (3, 66), (3, 39), (3, 78), (3, 36), (3, 57), (5, 30),
(11, 66), (11, 121)]
```

6.3.4 生成字典或者集合

可以利用 for 表达式生成字典或者集合，如生成键是值 2 倍的字典，实现代码如下。

```
d={i:2*i for i in range(10)}
print(d)
```

运行结果如下。

```
{0: 0, 1: 2, 2: 4, 3: 6, 4: 8, 5: 10, 6: 12, 7: 14, 8: 16, 9: 18}
```

6.4 在 for 循环中使用 else 语句

Python 的 for 循环中可以添加一条可选的 else 语句。只有当 for 循环语句正常执行后，才会执行 else 语句。如果 for 循环语句遇到 break 或 return，同时又符合跳出去的条件，则不会执行 else 语句。其语法格式如下。

```
for <循环变量> in <遍历结构> :
    <语句块1>
else:
    <语句块2>
```

其实，for...else 语句可以这样理解，for 循环语句和普通的语句没有区别，else 语句会在循环正常执行完毕（for 不是通过 break 跳出而中断的）的情况下执行，while...else 语句也一样。例如，要判断 10 ~ 19 的整数是不是素数，代码如下。

```
for num in range(10,20):      # 迭代10 ~ 19的整数
    for i in range(2,num):    # 根据因数迭代
        if num%i==0:          # 确定第一个因数
            j=num/i           # 确定第二个因数
            print('%d等于%d*%d' % (num,i,j))
            break             # 跳出当前循环
    else:                     # 循环的 else 语句部分
        print(num, '是一个素数')
```

运行结果如下。

```
10 等于2*5
11 是一个素数
12 等于2*6
13 是一个素数
```

```
14 等于2*7
15 等于3*5
16 等于2*8
17 是一个素数
18 等于2*9
19 是一个素数
```

6.5 while 循环

while 循环通过条件来控制是否要继续反复执行循环体。其语法格式如下。

```
while 条件表达式:
    循环体
```

> 说明
>
> 循环体是指一组重复执行的语句。

当条件表达式的返回值为 True 时，执行循环体，执行完毕后，重新判断条件表达式的返回值，直到表达式返回的结果为 False 时，退出循环。while 循环语句的流程图如图 6.6 所示。

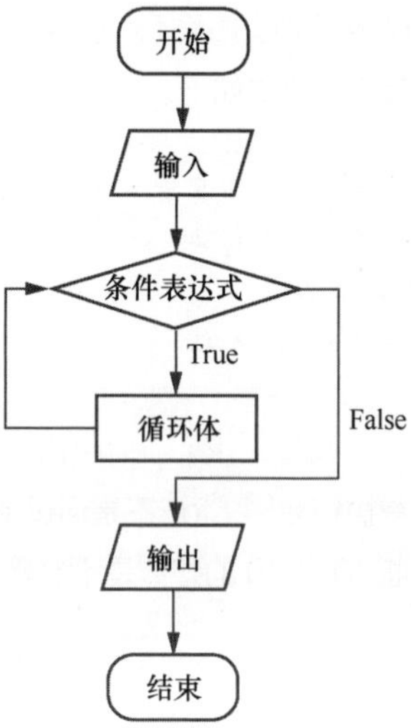

图 6.6 while 循环语句的流程图

下面我们通过现实生活中的例子来理解 while 循环的执行流程。在体育课上，体育老师要求同学们沿着环形操场跑圈，要求当同学们听到老师吹的哨子声时就停下来。同学们每跑一圈，可能会请求一次老师吹哨子。如果老师吹哨子，同学们就停下来，即循环结束；否则，继续跑步，即执行循环。

下面利用 while 循环输出 3 遍“笑傲江湖”，代码如下。

```
i=1
while i<=3:
    print("笑傲江湖")        # 输出"笑傲江湖"
    i=i+1
```

代码的运行结果如图 6.7 所示。

```
笑傲江湖
笑傲江湖
笑傲江湖
```

图 6.7 利用 while 循环输出 3 遍“笑傲江湖”

6.5.1　while 计数循环

在取款机上取款时，需要输入 6 位数字的银行卡密码。下面我们模拟一台简单的取款机（只有 1 位数字密码），每次要求用户输入 1 位数字密码：如果密码正确，则输出“密码正确，正进入系统！”；如果密码输入错误，输出“密码错误，已经输错 * 次”；如果密码连续输入错误 6 次，输出“密码错误 6 次，请与发卡行联系！！”。代码如下。

```
password=0
i=1
while i<7:
    num=input("请输入一位数字密码!")
        num=int(num)                        # 记录用户输入
    if num==password  :                     # 判断密码是否正确
        print("密码正确，正进入系统!")
        i=7
    else:
        print("密码错误，已经输错", i ,"次")
    i+=1                                    # 次数加1
if i==7:
    print("密码错误6次，请与发卡行联系！！ ")
```

上面的代码中用了 int() 内置函数，目的是将输入的数字或进制数转换为整型，示例如下。

```
int(3.61)=3
int(3)=3
```

运行程序，根据提示输入密码，若输错 1 次，还可以继续输入，如图 6.8 所示。

如果密码输入正确，则提示“密码正确，正进入系统！”，如图 6.9 所示。

```
请输入一位数字密码！1
密码错误，已经输错 1 次
```

图 6.8　输入错误密码，进行提示

```
请输入一位数字密码！0
密码正确，正进入系统！
```

图 6.9　输入正确密码，进行提示

如果密码输入错误 6 次，将提示用户“密码错误 6 次，请与发卡行联系！！”。运行结果如图 6.10 所示。

```
请输入一位数字密码！1
密码错误，已经输错 6 次
密码错误6次，请与发卡行联系！！
```

图 6.10　密码输入错误 6 次，进行提示

6.5.2　在 while 循环语句中使用 none

使用 while 循环语句实现从 1 开始依次尝试符合条件的数，只有找到符合条件的数时，才退出循环。具体的实现方法如下：首先定义一个用于计数的变量 number 和一个作为循环条件的变量 none（默认

值为 True），然后编写 while 循环语句；在循环体中，将变量 number 的值加 1，并且判断 number 的值是否符合条件；当符合条件时，将变量 none 设置为 False，从而退出循环。具体代码如下。

```
print("今有物不知其数，三三数之剩二,五五数之剩三,七七数之剩二，问物几何？ \n")
none=True                                          # 作为循环条件的变量
number=0                                           # 计数的变量
while none:
    number+=1                                      # 计数加1
    if number%3==2 and number%5==3 and number%7==2: # 判断是否符合条件
        print("答曰：这个数是",number)              # 输出符合条件的数
        none=False                                 # 将循环条件的变量设置为False
```

运行程序，将显示图 6.11 所示的结果。从图 6.10 中可以看出第一个符合条件的数是 23，这就是想要的答案。

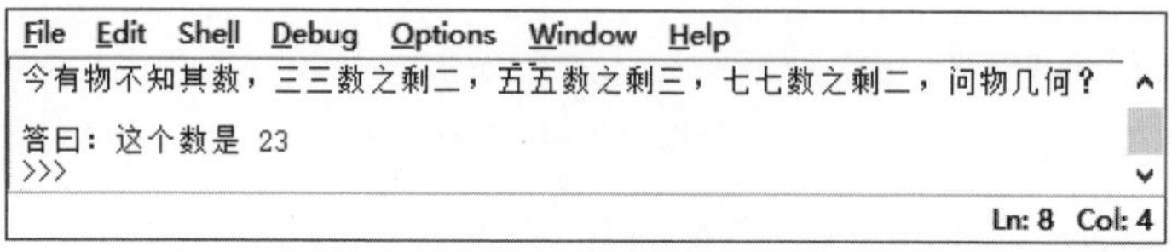

图 6.11 while 循环版解题法

注意

在使用 while 循环语句时，一定不要忘记添加将循环条件改变为 False 的代码（以上示例的最后一行代码一定不能少），否则将产生死循环。

6.6 循环嵌套

在 Python 中，while 循环可以循环嵌套。在 while 循环中嵌套 while 循环的语法格式如下。

```
while 条件表达式1:
    while 条件表达式2:
        循环体2
    循环体1
```

在 while 循环中嵌套 for 循环的语法格式如下。

```
while 条件表达式:
    for 迭代变量 in 对象:
        循环体2
    循环体1
```

在 for 循环中嵌套 while 循环的语法格式如下。

```
for 迭代变量 in 对象:
    while 条件表达式:
        循环体2
    循环体1
```

除了上面介绍的 3 种嵌套格式外，还有更多的嵌套方法，因为其语法格式与上面的类似，所以这里就不再一一列出了。下面介绍如何使用在 while 循环中嵌套 while 循环的方法实现九九乘法表。实现代码如下。

```
i=1
while i<=9:
    j=1
    while j<=i:
        print("{}*{}={:<2}".format(i,j,i*j),end=" ")
        j+=1
    i+=1
    print("")
```

运行结果如下。

```
1*1=1
2*1=2  2*2=4
3*1=3  3*2=6  3*3=9
4*1=4  4*2=8  4*3=12 4*4=16
5*1=5  5*2=10 5*3=15 5*4=20 5*5=25
6*1=6  6*2=12 6*3=18 6*4=24 6*5=30 6*6=36
7*1=7  7*2=14 7*3=21 7*4=28 7*5=35 7*6=42 7*7=49
8*1=8  8*2=16 8*3=24 8*4=32 8*5=40 8*6=48 8*7=56 8*8=64
9*1=9  9*2=18 9*3=27 9*4=36 9*5=45 9*6=54 9*7=63 9*8=72 9*9=81
```

上面的九九乘法表是从左侧开始输出的，也可以从右侧开始输出，实现代码如下。

```
i=1
while i<=9:
    k=1
    while k<=9-i:
        print(end="       ")
        k+=1
    j=i
    while (j>=1):
        print("{}*{}={:<2}".format(i,j,i*j),end=" ")
        j-=1
    i+=1
    print("")
```

运行结果如下。

```
                                                            1*1=1
                                                     2*2=4  2*1=2
                                              3*3=9  3*2=6  3*1=3
                                      4*4=16 4*3=12 4*2=8  4*1=4
                               5*5=25 5*4=20 5*3=15 5*2=10 5*1=5
                        6*6=36 6*5=30 6*4=24 6*3=18 6*2=12 6*1=6
                 7*7=49 7*6=42 7*5=35 7*4=28 7*3=21 7*2=14 7*1=7
          8*8=64 8*7=56 8*6=48 8*5=40 8*4=32 8*3=24 8*2=16 8*1=8
   9*9=81 9*8=72 9*7=63 9*6=54 9*5=45 9*4=36 9*3=27 9*2=18 9*1=9
```

6.7 跳转语句

当循环条件一直满足时，程序将会一直执行下去，就像一辆迷路的车，在某个地方不停地转圈。如果希望在中途（也就是在 for 循环结束计数之前，或者在 while 循环找到结束条件之前）离开循环，有两种方法可以做到。

- 使用 break 语句完全终止循环。
- 使用 continue 语句直接跳到下一次循环。

6.7.1 break 语句

break 语句可以终止当前的循环，包括 while 循环和 for 循环在内的所有控制语句。以独自一人沿着操场跑步为例，原计划跑 10 圈，可是在跑到第 2 圈的时候，遇到了自己熟悉的人，于是果断停下来，终止跑步，这就相当于使用 break 语句提前终止了循环。break 语句的语法比较简单，只需要在相应的 while 循环或 for 循环语句中加入即可。

说明

break 语句一般会结合 if 语句搭配使用，表示在某种条件下，跳出循环。如果使用循环嵌套，break 语句将跳出最内层的循环。

在 while 语句中使用 break 语句的语法格式如下。

```
while 条件表达式1:
    执行代码
    if 条件表达式2:
        break
```

其中，条件表达式 2 用于判断何时调用 break 语句跳出循环。在 while 循环语句中使用 break 语句的流程图如图 6.12 所示。

在 for 循环语句中使用 break 语句的语法格式如下。

```
for 迭代变量 in 对象:
    if 条件表达式:
        break
```

其中，条件表达式用于判断何时调用 break 语句跳出循环。在 for 循环语句中使用 break 语句的流程图如图 6.13 所示。

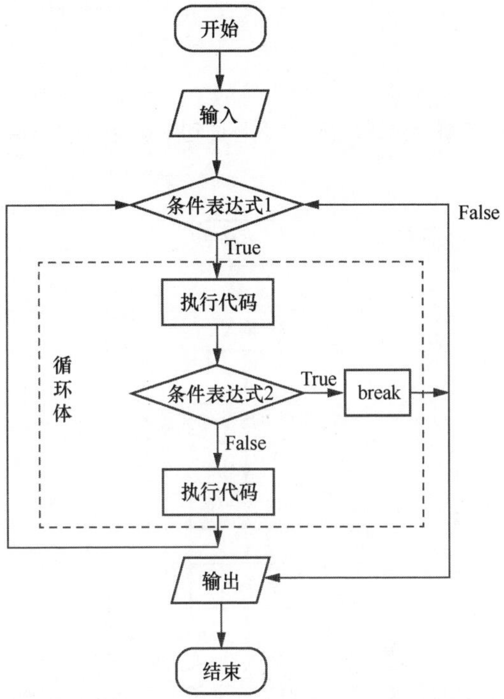

图 6.12 在 while 循环语句中使用 break 语句的流程图

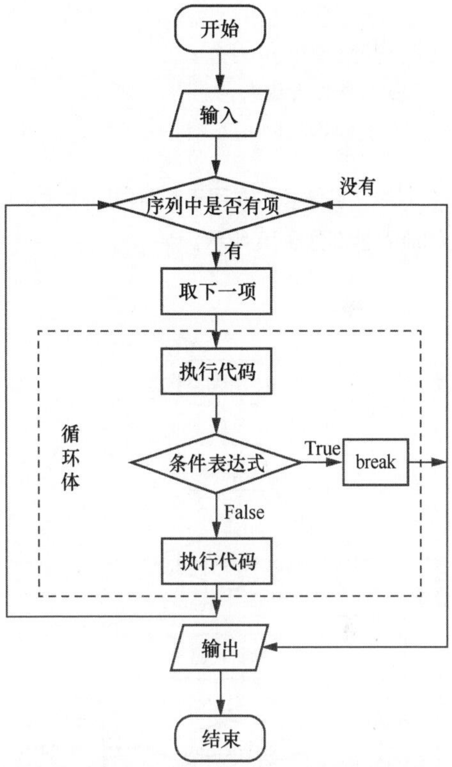

图 6.13 在 for 循环语句中使用 break 语句的流程图

6.7.2 continue 语句

continue 语句的作用没有 break 语句的强大，它只能终止本次循环以提前进入下一次循环。仍然以独自一人沿着操场跑步为例，原计划跑 10 圈，当跑到第 2 圈的时候，发现自己熟悉的人也在跑步，于是果断停下来，跑回起点等待，制造一次完美邂逅，然后从第 3 圈开始继续跑步。continue 语句的语法比较简单，只需要在相应的 while 循环或 for 循环语句中加入即可。

说明

continue 语句一般会和 if 语句搭配使用，表示在某种条件下，跳过当前循环的剩余语句，继续进行下一轮循环。如果使用循环嵌套，continue 语句将只跳过最内层循环中的剩余语句。

在 while 循环语句中使用 continue 语句的语法格式如下。

```
while 条件表达式1:
    执行代码
    if 条件表达式2:
        continue
```

其中，条件表达式 2 用于判断何时调用 continue 语句跳出循环。在 while 循环语句中使用 continue 语句的流程图如图 6.14 所示。

在 for 循环语句中使用 continue 语句的语法格式如下。

```
for 迭代变量 in 对象:
    if 条件表达式:
        continue
```

其中，条件表达式用于判断何时调用 continue 语句跳出循环。在 for 循环语句中使用 continue 语句的流程图如图 6.15 所示。

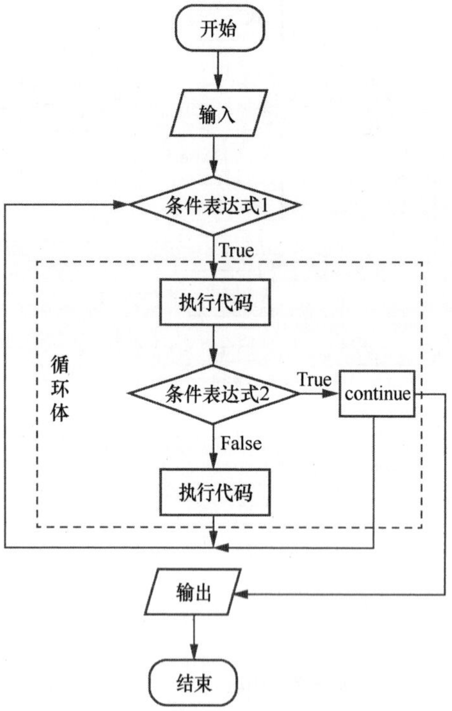

图 6.14　在 while 循环语句中使用 continue 语句的流程图

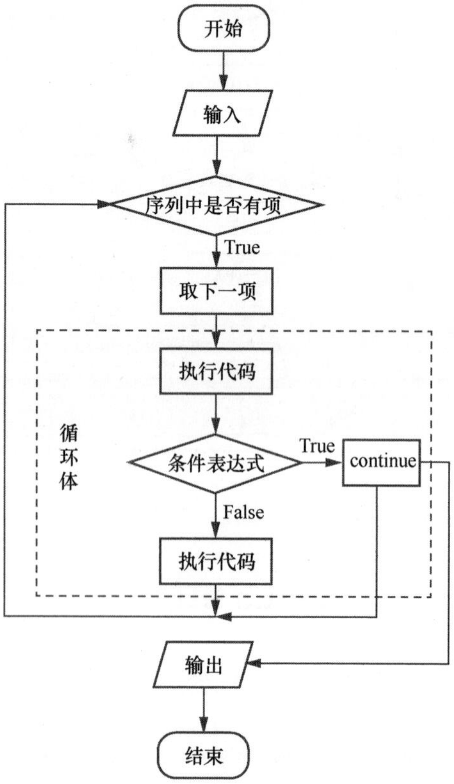

图 6.15　在 for 循环语句中使用 continue 语句的流程图

示例　“逢七拍腿”游戏。

几个朋友一起玩“逢七拍腿”游戏，即从 1 开始依次数数，当数到 7（包括尾数是 7 的情况）或 7 的倍数时，则不说出该数，而是拍一下腿。现在编写程序，计算从 1 数到 99，一共要拍多少次腿。（前提是每个人都没有出错。）

通过在 for 循环语句中使用 continue 语句实现“逢七拍腿”游戏，即计算从整数 1 数到 99，一共要拍多少次腿。代码如下。

```
total=99                                    # 记录拍腿次数的变量
for number in range(1,100):                 # 创建一个从整数1到99的循环
    if number%7==0:                         # 判断是不是7的倍数
        continue                            # 继续下一次循环
    else:
        string=str(number)                  # 将数值转换为字符串
        if string.endswith('7'):            # 判断是否以数字7结尾
            continue                        # 继续下一次循环
    total-=1                                # 可拍腿次数减1
print("从1数到99共拍腿",total,"次。")        # 显示拍腿次数
```

程序运行结果如下。

```
从1数到99共拍腿22次。
```

第 7 章

序　列

在 Python 中，序列是基本的数据结构，是一个用于存放多个值的连续内存空间。Python 中内置了 5 种常用的序列结构，分别是列表、元组、集合、字典和字符串。本章将详细介绍序列。

7.1　认识序列

序列是一个用于存放多个值的连续内存空间，并且这些值按一定顺序排列，为每一个值（称为元素）都分配一个数字，称其为索引或位置。通过索引可以取出相应的值。例如，我们可以把一家酒店看作一个序列，酒店里的每个房间都可以看作这个序列的元素，而房间号就相当于索引，可以通过房间号找到对应的房间。

本节介绍 Python 中对序列结构（列表、元组、集合、字典和字符串）通用的操作。

7.1.1　索引

序列中的每一个元素都有一个编号，也称为索引。这个索引是从 0 开始递增的，即索引 0 表示第 1 个元素，索引 1 表示第 2 个元素，以此类推，如图 7.1 所示。

元素1	元素2	元素3	元素4	…	元素n	
0	1	2	3	…	$n-1$	◄── 索引（下标）

图 7.1　序列的正数索引

Python 比较神奇，序列的索引可以是负数。这个索引从右向左计数，也就是从最后一个元素开始计数，即最后一个元素的索引是 -1，倒数第 2 个元素的索引为 -2，以此类推，如图 7.2 所示。

元素1	元素2	元素3	…	元素$n-1$	元素n	
$-n$	$-(n-1)$	$-(n-2)$	…	-2	-1	← 索引（下标）

图 7.2　序列的负数索引

注意

在采用负数作为索引时，索引是从 -1 开始的，而不是从 0 开始的，即最后一个元素的索引为 -1，这是为了防止与第 1 个元素重合。

通过索引可以访问序列中的任何元素。例如，定义一个包括 4 个元素的列表，要访问它的第 3 个元素和最后一个元素，可以使用下面的代码实现。

```
verse=["苹果","香蕉","梨子","草莓"]
print(verse[2])              # 输出第3个元素
print(verse[-1])             # 输出最后一个元素
```

输出的结果如下。

```
梨子
草莓
```

7.1.2　切片

切片操作是访问序列中元素的另一种方法，可以访问一定范围内的元素。通过切片操作可以生成一个新的序列。实现切片操作的语法格式如下。

```
sname[start:end:step]
```

参数说明如下。

- sname：表示序列的名称。
- start：表示切片的开始位置（包括该位置），如果不指定，则默认为 0。
- end：表示切片的截止位置（不包括该位置），如果不指定，则默认为序列的长度。
- step：表示切片的步长，如果省略，则默认为 1。当省略步长时，最后一个冒号也可以省略。

说明

在进行切片操作时，如果指定了步长，那么将按照该步长遍历序列；否则，将默认以步长 1 遍历序列。

例如，要通过切片获取水果列表中的第 2 ~ 5 个元素，以及获取第 1 个、第 3 个和第 5 个元素，可以使用下面的代码实现。

```
a=["苹果","香蕉","梨子","草莓",
   "蓝莓","柠檬","杧果","火龙果","橙子",
   "葡萄"]
print(a[1:5])        # 获取第2 ~ 5个元素
print(a[0:5:2])      # 获取第1个、第3个和第5个元素
```

运行上面的代码，将输出以下内容。

```
['香蕉','梨子','草莓','蓝莓']
['苹果','梨子','蓝莓']
```

说明

如果想要复制整个序列，可以将 start 和 end 参数都省略，但是中间的冒号需要保留。例如，a[:]就表示复制整个名称为 a 的序列。

7.1.3 序列相加

Python 支持对两种相同类型的序列进行相加的操作，即将两个序列进行连接，这可以使用“+”运算符实现。例如，要连接两个列表，可以使用下面的代码。

```
a1=["苹果","香蕉","梨子","草莓"]
a2=["蓝莓","柠檬","杧果","火龙果",
    "橙子","菠萝","橘子","西梅","千禧",
    "牛油果"]
print(a1+a2)
```

运行上面的代码，将输出以下内容。

```
['苹果','香蕉','梨子','草莓','蓝莓','柠檬','杧果','火龙果','橙子','菠萝',
'橘子','西梅','千禧','牛油果']
```

从上面的输出结果可以看出，两个列表被合为一个列表了。

说明

在连接序列时，相同类型的序列是指同为列表、元组或集合等，序列中的元素类型可以不同。例如，下面的代码也是正确的。

```
num=[7,14,21,28,35,42,49,56]
a=["苹果","香蕉","梨子","草莓"]
print(num+a)
```

相加后的结果如下。

```
[7, 14, 21, 28, 35, 42, 49, 56, '苹果', '香蕉', '梨子', '草莓']
```

但是列表和元组不能相加，列表和字符串不能相加。例如，下面的代码就是错误的。

```
num=[7,14,21,28,35,42,49,56,63]
print(num+"输出是 7 的倍数的数")
```

上面的代码在运行后，将产生图 7.3 所示的异常信息。

```
Traceback (most recent call last):
  File "E:\program\Python\Code\datatype_test.py", line 2, in <module>
    print(num + '输出是7的倍数的数')
TypeError: can only concatenate list (not 'str') to list
>>>
```

图 7.3　将列表和字符串相加产生的异常信息

7.1.4　乘法

在 Python 中，使用数字 *n* 乘一个序列会生成新的序列。新序列的内容为原来序列重复 *n* 次的结果。例如，下面的代码可将一个序列乘 3，生成一个新的序列并输出，从而达到“重要事情说三遍”的效果。

```
phone=["华为Mate 10","vivo X21"]
print(phone*3)
```

运行上面的代码，将显示以下内容。

```
['华为Mate 10', 'vivo X21', '华为Mate 10', 'vivo X21', '华为Mate 10',
'vivo X21']
```

在进行序列的乘法运算时，还可以实现指定列表长度的功能。例如，运行下面的代码，将创建一个长度为 5 的列表，列表中的每个元素都是 None，表示什么都没有。

```
emptylist=[None]*5
print(emptylist)
```

运行上面的代码，将显示以下内容。

```
[None, None, None, None, None]
```

7.2 序列的常用方法

7.2.1 检查某个元素是不是序列的成员

在 Python 中，可以使用 in 关键字检查某个元素是不是序列的成员，即检查某个元素是否包含在该序列中。其语法格式如下。

```
value in sequence
```

其中，value 表示要检查的元素，sequence 表示指定的序列。

例如，要检查名称为 a 的序列中是否包含元素“草莓”，可以使用下面的代码。

```
a=["苹果","香蕉","梨子","草莓"]
print("草莓" in a)
```

运行上面的代码，将显示 True，表示在序列中存在指定的元素。

另外，在 Python 中，也可以使用 not in 关键字检查某个元素是否不包含在指定的序列中。例如，运行下面的代码，将显示 False。

```
a=["苹果","香蕉","梨子","草莓"]
print("草莓"  not in a)
```

7.2.2 计算序列的长度

在 Python 中，可使用 len() 函数计算序列的长度，即返回序列包含多少个元素。

例如，要定义一个包括 9 个元素的列表，并通过 len() 函数计算列表的长度，可以使用下面的代码。

```
num=[7,14,21,28,35,42,49,56,63]
print("列表num的长度为",len(num))
```

运行上面的代码，将显示以下结果。

```
列表num的长度为 9
```

在计算列表长度时，len() 函数不会在意列表内元素的类型，代码如下。

```
list=[1,2,3,4,'123',2.15]
# 同时定义两个元素类型不同的列表
list1, list2=[1,2,3], ['a','b','c']
list3=['甲','乙','丙','丁','戊']      # 定义一个列表
print('list列表的长度：', len(list))                # 输出list列表的长度
print('list1列表的长度：', len(list1))              # 输出list1列表的长度
```

```
print('list2列表的长度:',len(list2))                # 输出list2列表的长度
print('共有',len(list3),'名球员')                   # 获取list3列表的元素个数
# 获取列表中指定元素范围的长度
print('列表中指定元素范围的长度:',len(list[1:4]))
```

运行结果如下。

```
list列表的长度:  6
list1列表的长度: 3
list2列表的长度: 3
共有 5 名球员
列表中指定元素范围的长度: 3
```

对于嵌套序列，len() 函数返回首层序列的元素个数，示例代码如下。

```
# 创建运动员排名二维列表，内层列表中包含名次与运动员名称
listcar=[[1,'tony'],[2,'kevin'],[3,'lucy'],[4,'lily'],[5,'mike']]
print('listcar列表的长度: ',len(listcar))          # 输出二维列表的长度
print('listcar列表中的元素长度: ',len(listcar[0]))  # 输出二维列表中的元素长度
```

运行结果如下。

```
listcar列表的长度: 5
listcar列表中的元素长度: 2
```

在 for 循环语句中可以使用 len() 函数循环读取序列的长度，示例代码如下。

```
list3=[]                                  # 创建空的列表
for i in range(5):                        # 循环遍历整数0 ~ 4
    list3.append(i)                       # 将整数0 ~ 4逐个添加至列表中
    print('当前列表内容: ', list3)         # 输出当前列表内容
    print('当前列表长度: ',len(list3))     # 输出每次循环后列表的长度
```

运行结果如下。

```
当前列表内容: [0]
当前列表长度: 1
当前列表内容: [0, 1]
当前列表长度: 2
当前列表内容: [0, 1, 2]
当前列表长度: 3
当前列表内容: [0, 1, 2, 3]
当前列表长度: 4
```

```
当前列表内容: [0, 1, 2, 3, 4]
当前列表长度: 5
```

7.2.3 计算序列的最大值

Python 提供了内置函数来计算序列的最大值和最小值。使用 max() 函数可返回序列中的最大元素，使用 min() 函数可返回序列中的最小元素。

例如，要定义一个包括 9 个元素的列表，并通过 max() 函数计算列表中的最大元素，可以使用下面的代码。

```
num=[7,14,21,28,35,42,49,56,63]
print("列表",num,"中最大值为",max(num))
```

运行上面的代码，将显示以下结果。

```
列表 [7, 14, 21, 28, 35, 42, 49, 56, 63] 中最大值为 63
```

可以在序列指定的范围内使用 max() 函数求最大值。示例代码如下。

```
listcha1=['a','-5','b','c','d','5','3','e']      # 创建包含数字、字母的列表
print(max(listcha1)) # 小写字母的ASCII值大于整数0 ~ 9的ASCII值，并且按照字母排序递增
print(max(listcha1[1:5]))    # 在列表第1项到第4项中求最大值
```

运行结果如下。

```
e
d
```

可以通过设置命名参数 key 来指定获取最大值的方法。key 参数的另外一个作用是，通过指定相应的函数，对不同类型的对象进行比较以获取最大值。示例代码如下。

```
list1=['20',5,10]              # 元素为混合类型的列表
print(max(list1,key=int))      # 指定key为int()函数后再取最大值
```

运行结果如下。

```
20
```

要通过 max() 函数求相关操作下列表的最大值，示例代码如下。

```
# 创建F1赛车手积分列表，积分在后，练习对列表中不同位置的元素求最大值
listcha2=['张三 236','李四 358','王五 294','赵六 216','周七 227']
```

```
# 创建F1赛车手积分列表，积分在前
listcha3=['236 张三','358 李四','294 王五','216 赵六','227 周七']
print(max(listcha2))
print(max(listcha2[-3:-1])) # 在倒数第3个列表和倒数第1个列表中查找最大值
print(max(listcha2,key=lambda x:x[-3:])) # 获取listcha2列表的倒数3个元素的最大值
print(max(listcha3))
# 获取listcha3列表的第5项到最后一项数据并比较获得的最大值，即获取姓名的最大值
print(max(listcha3,key=lambda x:(x[4:])))
```

运行结果如下。

```
张三 236
王五 294
李四 358
358 李四
236 张三
```

创建汽车销量二维列表，内层列表包含汽车销量和汽车名称，通过max()函数求最大值，示例代码如下。

```
listcar=[[837624,'RAV4'],[791275,'途观'],[651090,'索罗德'],[1080757,'福特F系'],[789519,'高尔夫'],[747646,'CR-V'],[1181445,'卡罗拉']]
print(max(listcar))          # 输出列表listcar 的最大值
# 按照列表listcar的第2项（车名）进行迭代，以获取最大值
print(max(listcar,key=lambda x:x[1]))
```

运行结果如下。

```
[1181445, '卡罗拉']
[789519, '高尔夫']
```

创建球员数据嵌套列表，嵌套列表包含球员名字、出场场次、出场时间和平均得分，使用max()函数求相关操作下列表的最大值，示例代码如下。

```
listnba=[['甲',78,36.8,36.1],['乙',77,36.9,28.0],['丙',72,32.8,27.7],
['丁',64,33.7,27.5],['戊',55,35.2,27.4],['己',69,33.8,27.3]]
print(max(listnba))                     # 输出列表listnba的最大值
# 按照列表的第4项，即按照球员的平均得分进行迭代，以获取最大值
print(max(listnba,key=lambda x:x[3]))
# 按照第3项（出场时间）进行迭代，以获取最大值
print(max(listnba,key=lambda x:(x[2],x[1],x[3])))
# 按照球员平均得分和出场场次的乘积（总得分）进行迭代，以获取最大值
print(max(listnba,key=lambda x:x[3]*x[1]))
```

```
# 按照平均得分的后3位进行迭代，以获取最大值
print(max(listnba,key=lambda x:(str(x[3]))[1:]))
```

运行结果如下。

```
['丙', 72, 32.8, 27.7]
['甲', 78, 36.8, 36.1]
['乙', 77, 36.9, 28.0]
['甲', 78, 36.8, 36.1]
['乙', 77, 36.9, 28.0]
```

下面再以创建学生考试成绩列表为例。

```
# 创建学生考试成绩嵌套列表，嵌套列表包含考试名次、语文成绩、数学成绩、理综成绩、英语成绩
liststud=[[1,101,128,278,123],[2,129,135,222,120],[3,127,138,227,107],
         [4,98,135,217,108],[5,123,101,201,101],[6,89,125,197,90]]
print(max(listStud[1]))                          # 取第2个列表中元素的最大值
print(max(liststud,key=lambda x:x[1])) # 按照每个列表元素的第2项进行迭代，以获取最大值
# 按每个列表元素的第2项到第5项的和进行迭代，以获取最大值
print(max(liststud,key=lambda x:x[1]+x[2]+x[3]+x[4]))
```

运行结果如下。

```
222
[2, 129, 135, 222, 120]
[1, 101, 128, 278, 123]
```

7.2.4 计算序列的最小值

在 Python 中，可使用 min() 函数返回序列中的最小元素。

例如，要定义一个包括 9 个元素的列表，并通过 min() 函数计算列表的最小元素，可以使用下面的代码。

```
num=[7,14,21,28,35,42,49,56,63]
print("列表",num,"中最小值为",min(num))
```

运行上面的代码，将显示以下结果。

```
列表 [7, 14, 21, 28, 35, 42, 49, 56, 63] 中最小值为7
```

如果序列中的元素是负值，也可以通过 min() 函数计算序列的最小元素，即使用下面的代码实现。

```
list5=[1,-3,5,-7,8]      # 包含正数、负数的列表
list6=[3,3.15,2.11,6]    # 包含小数的列表
```

```
# 指定key为求绝对值的参数，对参数会求绝对值后再取较小者
print('list5列表中最小值：',min(list5,key=abs))
# 获取小数中的绝对值
print('list6列表中最小值：',min(list6))
```

运行结果如下。

```
list5列表中最小值：1
list6列表中最小值：2.11
```

在随机产生的序列中，也可以通过 min() 函数计算序列的最小元素，即使用下面的代码实现。

```
import random                          # 导入随机数模块
seq=[]                                 # 空列表
i=0
while i<10:                            # 循环10次
    # 每循环一次向列表中添加一个随机数
    seq.append(random.randint(1,100))
    i+=1
getMin=min(seq)                         #获取最小值
print('原列表值:', seq)
print('列表最小值:',getMin)
```

运行结果如下。

```
原列表值：[10, 89, 8, 63, 82, 94, 96, 17, 37, 44]
列表最小值：8
```

可通过参数 key，设置查询的范围条件，然后求出最小元素，代码如下。

```
name=('Jack','MacKenzie','Cal','Rainbo','Ralph','Abagael')  # 英文名字元组
print('英文名字元组中的最小值：',min(name))
print('英文名字长度最小的是',min(name,key=lambda i:len(i)))
```

运行结果如下。

```
英文名字元组中的最小值：Abagael
英文名字长度最小的是Cal
```

在 min() 函数中可以使用 lambda 设置条件，示例代码如下。

```
fraction=('数学 98','英语 99','语文 93')                # 学生成绩
print('成绩最差的学科：',min(fraction,key=lambda i:i[3:])[:3])
```

运行结果如下。

```
成绩最差的学科：语文
```

对于嵌套序列，也可以在 min() 函数中使用 lambda 设置条件，以获取最小元素，示例代码如下。

```
# 北、上、广、深GDP值
gdp=(('北京','30320亿'),('上海','32679亿'),('广州','23000亿'),('深圳',
'24620亿'))
print('GDP值最低的是元组中索引为',gdp.index(min(gdp,key=lambda i:i[1][0:6])),'的那
组数据')
print('GDP值最低的城市为',min(gdp,key=lambda i:i[1][0:6])[0])
```

运行结果如下。

```
GDP值最低的是元组中索引为 2 的那组数据
```

7.2.5 计算序列中元素的和

Python 提供了内置的 sum() 函数，用于计算序列中元素的和。sum() 函数的具体语法格式如下。

```
sum(iterable[, start])
```

参数及返回值说明如下。

- iterable：可迭代对象，如列表、元组等。
- start：可选参数，指定相加的参数（即序列值相加后再次相加的值），如果没有设置此参数，则默认为 0。
- 返回值：求和结果。

> 注意
>
> 在使用 sum() 函数对可迭代对象进行求和时，可迭代对象中的元素类型必须是数值型，否则将提示 TypeError。

使用 sum() 函数可以快速对序列中所有的数值元素进行求和，并将求和结果返回。例如，使用以下代码通过 sum() 函数对列表元素进行求和。

```
a_list=[1,3,5,7,9]          # 普通列表
print('a_list列表元素之和：',sum(a_list))
print('a_list列表元素之和加1：',sum(a_list,1))
```

运行结果如下。

```
a_list列表元素之和：25
a_list列表元素之和加1：26
```

如果要对序列进行求和计算，需要先将指定元素转换为整数类型，然后使用 sum() 函数进行计算，示例代码如下。

```
b_list=['数学 98','语文 99','英语 97']  # 学生成绩列表
int_list=[int(b_list[0][2:]),int(b_list[1][2:]),int(b_list[2][2:]),]
print('学生的总成绩：',sum(int_list),'分')
```

运行结果如下。

```
学生的总成绩：294 分
```

如果序列元素较多，也可以利用序列推导式将元素从字符串转换为数字，然后使用 sum() 函数进行计算，示例代码如下。

```
# 10名学生Python理论成绩列表
grade_list=['98','99','97','100','100','96','94','89','95','100']
int_list=[int(i) for i in grade_list]     # 循环将字串符类型数据转换为整数
print('Python理论总成绩：',sum(int_list))
```

运行结果如下。

```
Python理论总成绩：968
```

7.2.6 对序列中的元素进行排序

Python 提供了内置的 sorted() 函数，用于对序列中的元素进行排序。sorted() 函数的具体语法格式如下。

```
sorted(sequencename)
```

sequencename 表示序列的名称。

例如，要定义序列，并通过 sorted() 函数对序列中的所有元素进行升序排列，可以使用下面的代码。

```
number=[27, 125, 343, 1, 216, 64, 8]
print("序列：", number)
print("升序排列：", sorted(number))
```

运行上面的代码，将显示以下结果。

```
序列：[27, 125, 343, 1, 216, 64, 8]
升序排列：[1, 8, 27, 64, 125, 216, 343]
```

7.2.7 统计序列中某元素出现的总次数

Python 提供了 count() 方法用于统计某元素在序列中出现的总次数，其具体语法格式如下。

```
sequencename.count(obj)
```

参数说明如下。

- sequencename：表示序列的名称。
- obj：表示要查找的对象。

例如，要定义一个包括 14 个动物名称的元素序列，并通过 count() 方法统计序列中“虎”出现的次数，可以使用下面的代码。

```
animals=["鼠","牛","虎","兔","龙","蛇","虎","马","羊","猴","虎","鸡",
"狗","猪"]
print("序列:", animals)
tiger=animals.count("虎")
print("虎的个数:", tiger)
```

运行上面的代码，将显示以下结果。

```
序列: ['鼠', '牛', '虎', '兔', '龙', '蛇', '虎', '马', '羊', '猴', '虎',
'鸡', '狗', '猪']
虎的个数: 3
```

7.2.8 将序列转换为列表

Python 提供了内置的 list() 函数，用于将序列转换为列表。list() 函数的具体语法格式如下。

```
list(strname)
```

strname 表示序列的名称。

例如，要定义字符串，并通过 list() 函数将字符串转换成列表，可以使用下面的代码。

```
color="红橙黄绿青蓝紫"
print("序列:", color)
print("列表:", list(color))
```

运行上面的代码，将显示以下结果。

```
序列: 红橙黄绿青蓝紫
列表: ['红', '橙', '黄', '绿', '青', '蓝', '紫']
```

7.2.9 将序列转换为字符串

Python 提供了内置的 str() 函数，用于将序列转换为字符串。str() 函数的具体语法格式如下。

```
str(sequencename)
```

sequencename 表示序列的名称。

例如，要定义序列，并通过 str() 函数将序列转换成字符串，可以使用下面的代码。

```
color=['红', '橙', '黄', '绿', '青', '蓝', '紫']
print("序列:", color)
print("字符串:", str(color))
```

运行上面的代码，将显示以下结果。

```
序列: ['红', '橙', '黄', '绿', '青', '蓝', '紫']
字符串: ['红', '橙', '黄', '绿', '青', '蓝', '紫']
```

7.2.10 返回序列的反向访问的迭代子

Python 提供了内置的 reversed() 函数用于返回序列的反向访问的迭代子。reversed() 函数的具体语法格式如下。

```
reversed(sequencename)
```

sequencename 表示序列的名称。

例如，要定义序列，并通过 reversed() 函数对序列中的所有元素进行升序排列，可以使用下面的代码。

```
str="金木水火土"
print("参数是字符串，返回", reversed(str))

list=['金', '木', '水', '火', '土']
print("参数是列表，返回", reversed(list))

tuple=('金', '木', '水', '火', '土')
print("参数是元组，返回", reversed(tuple))
```

运行上面的代码，将显示以下结果。

```
参数是字符串，返回<reversed object at 0x0000000002132278>
参数是列表，返回<list_reverseiterator object at 0x0000000002132278>
参数是元组，返回<reversed object at 0x0000000002132278>
```

7.2.11 将序列组合为一个索引序列

Python 提供了内置的 enumerate() 函数，用于将序列组合为一个索引序列，该函数多用在 for 循环中。enumerate() 函数的具体语法格式如下。

```
enumerate(sequencename)
```

sequencename 表示序列的名称。

例如，要定义序列，并通过 enumerate() 函数对序列中的所有元素进行升序排列，可以使用下面的代码。

```
list=['东', '西', '南', '北', '中']
for i, string in enumerate(list):
    print("序列中的第"+str(i + 1)+"个元素是"+string)
```

运行上面的代码，将显示以下结果。

```
序列中的第1个元素是东
序列中的第2个元素是西
序列中的第3个元素是南
序列中的第4个元素是北
序列中的第5个元素是中
```

7.3 元组

元组（tuple）是 Python 中另一个重要的序列结构，与列表类似，也由一系列按特定顺序排列的元素组成，但是它是不可变序列。因此，元组也可以称为不可变的列表。在形式上，元组的所有元素都放在一对圆括号“()”中，两个相邻元素间使用英文逗号“,”分隔。在内容上，可以将整数、实数、字符串、列表等类型的内容放入元组中，并且在同一个元组中，元素的类型可以不同，因为它们之间没有任何关系。通常情况下，元组用于保存程序中不可修改的内容。

> **说明**
>
> 从元组和列表的定义上看，这两种结构比较相似，它们之间有哪些区别呢？它们之间的主要区别就是元组是不可变序列，而列表是可变序列，即元组中的元素不可以单独修改，而列表中的元素则可以任意修改。

7.3.1 元组的创建和删除

Python 提供了多种创建元组的方法。下面分别进行介绍。

1. 使用赋值运算符直接创建元组

同其他类型的 Python 变量一样，在创建元组时，也可以使用赋值运算符“=”直接将一个元组赋给变量，语法格式如下。

```
tuplename=(element 1,element 2,element 3,…,element n)
```

其中，tuplename 表示元组的名称，可以是任何符合 Python 命名规则的标识符；element 1 ~ n 表示元组中的元素，个数没有限制，并且只要是 Python 支持的数据类型就可以。

注意

创建元组的语法格式与创建列表的语法格式类似，只是创建列表时使用的是“[]”，而创建元组时使用的是“()”。

例如，下面定义的元组都是合法的。

```
num=(7,14,21,28,35,42,49,56,63)
team=("一队","二队","三队","四队")
untitle=('Python',28,("人生苦短","我用 Python"),["爬虫","自动化运维","云计算","Web 开发"])
language=('Python',"C#",''' Java''' )
```

在 Python 中，虽然元组使用一对圆括号将所有的元素括起来，但是实际上，圆括号并不是必需的，只要将一组值用逗号分隔开来，Python 就可以认为它是元组。例如，下面的代码定义的也是元组。

```
team="一队","二队","三队","四队"
```

在 IDLE 中输出该元组后，将显示以下内容。

```
('一队', '二队', '三队', '四队')
```

如果要创建的元组只包括一个元素，则需要在定义元组时，在元素的后面加一个逗号。例如，下面的代码定义的就是包括一个元素的元组。

```
verse1=("世界杯冠军",)
```

在 IDLE 中输入 verse1，将显示以下内容。

```
('世界杯冠军',)
```

而下面的代码则会定义一个字符串。

```
verse2=("世界杯冠军")
```

在 IDLE 中输入 verse2，将显示以下内容。

```
世界杯冠军
```

说明

在 Python 中，可以使用 type() 函数测试变量的类型，如下面的代码所示。

```
verse1=("世界杯冠军",)
print("verse1的类型为",type(verse1))
verse2=("世界杯冠军")
print("verse2的类型为",type(verse2))
```

在 IDLE 中运行上面的代码，将显示以下内容。

```
verse1的类型为 <class 'tuple'>
verse2的类型为 <class 'str'>
```

2. 创建空元组

在 Python 中，也可以创建空元组。例如，要创建一个名称为 emptytuple 的空元组，可以使用下面的代码。

```
emptytuple=()
```

空元组可以应用在为函数传递一个空值或者返回空值时。例如，如果定义一个函数必须传递元组类型的值，而我们还不想为它传递一组数据，那么可以创建一个空元组并传递给它。

3. 创建数值元组

在 Python 中，可以使用 tuple() 函数直接将 range() 函数循环出来的结果转换为元组。

tuple() 函数的语法格式如下。

```
tuple(data)
```

其中，data 表示可以转换为元组的数据，其类型可以是 range 对象、字符串、元组或者其他可迭代类型。

例如，要创建一个包含 10 ~ 19 的所有偶数的元组，可以使用下面的代码。

```
tuple(range(10, 20, 2))
```

运行上面的代码后，将得到下面的元组。

```
(10, 12, 14, 16, 18)
```

说明

使用 tuple() 函数不仅能通过 range 对象创建元组，还能通过其他对象创建元组。

4. 删除元组

对于已经创建的元组，当不再使用时，可以使用 del 语句将其删除，其语法格式如下。

```
del tuplename
```

其中，tuplename 表示待删除元组的名称。

说明

del 语句在实际开发中并不常用，因为 Python 自带的垃圾回收机制会自动销毁不用的元组，所以即使我们不手动将其删除，Python 也会自动将其回收。

例如，定义一个名称为 team 的元组，用于保存世界杯夺冠热门球队所对应的国名，这些夺冠热门球队在小组赛和第一轮淘汰赛后都被淘汰了，因此应用 del 语句将其删除，这可以使用下面的代码实现。

```
team=("西班牙","德国","阿根廷","葡萄牙")
del team
```

7.3.2 访问元组元素

在 Python 中，如果想将元组的内容输出也比较简单，直接使用 print() 函数即可。例如，定义一个名称为 untitle 的元组，要输出该元组，可以使用下面的代码。

```
untitle=('Python',28,("人生苦短","我用Python"),["爬虫","自动化运维","云计算",
          "Web开发"])
print(untitle)
```

运行结果如下。

```
 ('Python', 28, ('人生苦短', '我用Python'), ['爬虫', '自动化运维', '云计算',
'Web开发'])
```

从上面的运行结果中可以看出，在输出元组时，是包括左右两侧的圆括号的。如果不想要输出全部的元素，也可以通过元组的索引获取指定的元素。例如，要获取元组 untitle 中索引为 0 的元素，可以使用下面的代码。

```
print(untitle[0])
```

运行结果如下。

```
Python
```

从上面的运行结果中可以看出，在输出单个元组的元素时，不包括圆括号；如果输出字符串，还不包括左右的引号。

另外，对于元组，也可以采用切片方式获取指定的元素。例如，要访问元组 untitle 中的前 3 个元素，可以使用下面的代码。

```
print(untitle[:3])
```

运行结果如下。

```
('Python', 28, ('人生苦短', '我用Python'))
```

同列表一样，元组也可以使用 for 循环进行遍历。

7.3.3 修改元组元素

元组是不可变序列，所以不能对它的单个元素进行修改。但是元组也不是完全不能修改的，我们可以对元组进行重新赋值。例如，下面的代码是允许的。

```
player=('球员1','球员2','球员x','球员3','球员4','球员5')      # 定义元组
player=('球员1','球员2','球员y','球员3','球员4','球员5')    # 对元组重新赋值
print("新元组",player)
```

运行结果如下。

```
新元组 ('球员1','球员2','球员y','球员3','球员4','球员5')
```

从上面的运行结果可以看出，元组 player 的值已经改变。

另外，还可以对元组进行连接组合。例如，可以使用下面的代码在已经存在的元组结尾处添加一个新元组。

```
player1=('球员1','球员2','球员x','球员3')
print("原元组:",player1)
player2=player1+('球员4','球员5')
print("组合后:",player2)
```

运行结果如下。

```
原元组: ('球员1','球员2','球员x','球员3')
组合后: ('球员1','球员2','球员x','球员3','球员4','球员5')
```

注意

在进行元组连接时，连接的内容必须都是元组。不能将元组和字符串或者列表进行连接。例如，下面的代码就是错误的。

```
player1=('球员1','球员2','球员x','球员3')
player2=player1+['球员4','球员5']
```

常见错误

在进行元组连接时，如果要连接的元组只有一个元素，不要忘记后面的逗号。例如，运行下面的代码将产生图 7.4 所示的错误。

```
player1=('球员1','球员2','球员x','球员3')
player2=player1+('球员5')
```

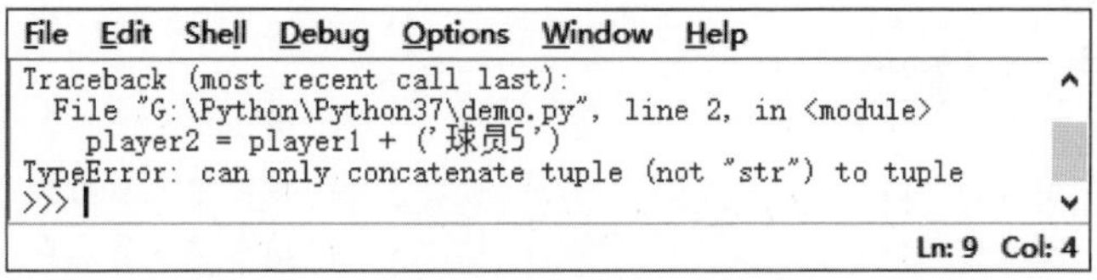

图 7.4　在进行元组连接时产生的错误

7.3.4　元组推导式

使用元组推导式可以快速生成元组，它的表现形式和列表推导式类似，只是将列表推导式中的方括号“[]”修改为圆括号“()”。例如，要生成一个包含 10 个随机数的元组，代码如下。

```
import random                # 导入random标准库
randomnumber=(random.randint(10,100) for i in range(10))
print("生成的元组:",randomnumber)
```

运行结果如下。

```
生成的元组: <generator object <genexpr> at 0x0000000003056620>
```

从上面的运行结果中可以看出，使用元组推导式生成的结果并不是一个元组或者列表，而是一个生成器对象，这一点和列表推导式是不同的。当需要使用该生成器对象时，可以将其转换为元组或者列表。其中，转换为元组需要使用 tuple() 函数，而转换为列表则需要使用 list() 函数。

例如，要使用元组推导式生成一个包含 10 个随机数的生成器对象，然后将其转换为元组并输出，可以使用下面的代码。

```
import random                                  # 导入random标准库
randomnumber=(random.randint(10,100) for i in range(10))
randomnumber=tuple(randomnumber)               # 转换为元组
print("转换后:",randomnumber)
```

运行结果如下。

```
转换后: (76, 54, 74, 63, 61, 71, 53, 75, 61, 55)
```

要使用通过元组推导式生成的生成器对象，还可以直接通过 for 循环遍历或者直接使用 __next__() 方法进行遍历。

> 说明
>
> 在 Python 2.x 中，与 __next__() 方法对应的方法为 next() 方法，next() 也是用于遍历生成器对象的。

例如，要先通过元组推导式生成一个包含 3 个元素的生成器对象 number，然后调用 3 次 __next__() 方法来输出每个元素，再将生成器对象 number 转换为元组输出，代码如下。

```
number=(i for i in range(3))
print(number.__next__())                    # 输出第1个元素
print(number.__next__())                    # 输出第2个元素
print(number.__next__())                    # 输出第3个元素
number=tuple(number)                        # 转换为元组
print("转换后:",number)
```

上面的代码运行后，将显示以下结果。

```
0
1
2
转换后: ()
```

再如，通过元组推导式生成一个包括 4 个元素的生成器对象 number，然后应用 for 循环遍历该生成器对象，并输出每一个元素的值，最后将其转换为元组输出，代码如下。

```
number=(i for i in range(4))            # 生成生成器对象
for i in number:                        # 遍历生成器对象
    print(i,end=" ")                    # 输出每一个元素的值
print(tuple(number))                    # 转换为元组输出
```

运行结果如下。

```
0 1 2 3 ()
```

从上面的两个示例中可以看出，无论通过哪种方法遍历，如果再想使用该生成器对象，都必须重新创建一个生成器对象，因为遍历后原生成器对象已经不存在了。

第 8 章

字　符　串

字符串是由一个或多个单字符组成的一串字符，在实际开发中会经常应用字符串。在 Python 中，字符串是一种数据类型，所以我们可以通过特定的函数，实现字符串的拼接、截取以及格式化等操作。

8.1　字符串操作

Python 中关于字符串的操作（如赋值、读取、按照索引截取以及删除等）有很多，进行这些操作的目的就是得到更准确的数据。如果我们在搜索引擎中搜索了相关的关键字，那么搜索引擎就会根据这个关键字进行结果的匹配查找，而结果中的每一个文字都可以看成字符串。从表面上来看，这就实现了字符串的赋值、截取和读取。

8.1.1　字符串的定义

在 Python 中定义字符串非常简单，只需要使用单引号或双引号就可以创建一个字符串，然后将这个字符串分配给一个变量，在后面的代码中就可以访问这个字符串。其基本语法格式如下。

```
var="Hello World!"
```

这是以双引号的方式定义的字符串。除了双引号，我们还可以使用单引号来定义字符串，格式如下。

```
var='Hello World!'
```

这样，一个简单的字符串就定义好了，在后面的代码中就可以正常使用这个字符串了。下面看一段示例代码。

```
var="Hello World!" #定义字符串变量
print(var)            #输出"Hello World!"
```

在编程时，我们可能需要定义多行字符串，正常情况下直接使用双引号是不能接受换行符的，所以解决此问题的通常做法就是使用转义字符和字符串拼接，而在 Python 中这可以使用三引号来实现。示例代码如下。

```
#通过三引号来定义字符串（支持换行符）
json1="""
jsonData={
    id:1,
    product:'python',
    releaseDate:'1991',
    currentVersion:'3.7.0'
}
"""
print(json1)#输出与定义字符串同等格式的字符串内容
```

通过三引号定义字符串能直观地展现该字符串的定义，也就是所见即所得的语法格式。

以上代码将会输出完整的字符串内容。输出结果如下。

```
jsonData={
    id:1,
    product:'python',
    releaseDate:'1991',
    currentVersion:'3.7.0'
}
```

注意

如果想要去除结果中的第一个空行，那么只需要在定义字符串时，将字符串内容与起始三引号连接在一起。例如，如果将 jsonData 放在起始三引号的后面，那么结果中就不会出现第一个空行。

多学两招

除此之外，我们还可以通过转义字符来定义多行字符串。例如，同样要定义一段 json 文本内容，可以使用如下方式。

```
json="jsonData={id:1,\nproduct:'python',\nreleaseDate:'1991',\
ncurrentVersion:'3.7.0'}"#通过"\n"换行符定义
print(json) #输出同样的json字符串
```

8.1.2 字符串的拼接

在软件开发过程中，会经常用到字符串的拼接操作。字符串的拼接有以下几种方式。

第 1 种方式是使用"+"进行拼接，这也是大多数编程语言支持的一种方式。其语法格式如下。

```
variable=str1+str2+str3...
```

多个字符串之间使用"+"进行拼接，我们可以将常量和一个变量拼接的结果赋给另一个变量。例如，使用下面的代码。

```
from datetime import datetime,timezone      #导入datetime和timezone模块
message="今天是"                             #定义第一个字符串变量
ToDay=datetime.today().date()               #获取当前系统日期，赋给ToDay变量
message1="，星期"                            #定义第二个字符串变量
weekDay=datetime.now().weekday()            #获取当前为一周的第几天
#通过"+"符号将字符串拼接
print(message+str(ToDay)+message1+str(weekDay))
```

注意

在进行字符串拼接时，所有参与拼接的常量或变量的类型必须是字符串类型，以上示例中的 weekDay 变量实际上是整型变量，如果不通过 str() 函数进行转换，程序就会报出异常。

第 2 种方式是使用 join() 方法拼接，该方法可以将序列的每一个元素以指定顺序组合，组合后可以形成一个完整的字符串。其语法格式如下。

```
str.join(sequence)
```

sequence 参数为一个序列，可以是列表、元组或字典等。很多时候我们通过不同的方式生成这些序列，可以使用 join() 方法将其转换为字符串。示例代码如下。

```
from datetime import datetime,timezone #导入datetime和timezone模块
#定义元组对象，元素为要拼接的字符串内容
ValTuple=("今天是",str(datetime.today().date()),"，","星期",str(datetime.
    now().weekday()))
     #通过字符串对象的join()方法实现元组的拼接
newStr=''.join(ValTuple)
print(newStr)                           #输出结果
```

在使用 join() 方法进行序列元素拼接时，元素类型同样需要为字符串类型。

第 3 种方式是通过多行代码对一行文本内容进行拼接，此方式只适合常量字符串拼接。相对于三引号定义方式，这种方式可以避免使用回车符。示例代码如下。

```
#通过一对圆括号实现对一行字符串内容的多行拼接
varStr=("python"
        "字符串"
        "拼接")
print(varStr) #输出结果为“python字符串拼接”
```

第 4 种方式是通过 F- string 拼接，此方式在 Python 3.6.2 及后续版本中可用。其语法格式如下。

```
sval=f'{s1}{s2}{s3}...'
```

F- string 方式实现起来很简单，只需要在所拼接的变量前标记字母“f”，然后通过双引号将要拼接的变量按顺序排列在一起，每个变量名称都需要使用一对花括号括起来。下面的示例同样用于输出当前日期，我们通过 F- string 方式对每一个变量进行拼接并输出。

```
from datetime import datetime,timezone #导入datetime和timezone模块
s1="今天是"                            #定义字符串
s2=str(datetime.today().date())        #获取当前系统日期并将其直接转换成字符串类型
s3=",星期"                             #定义字符串
s4=str(datetime.now().weekday())       #获取当前为一周的第几天
sval=f'{s1}{s2}{s3}{s4}'               #通过"f"标识以及花括号拼接变量
print(sval)                            #输出结果
```

第 5 种方式是通过 string 模块中的 Template 函数进行拼接。其语法格式如下。

```
s=Template('${s1}${s2}${s3}...')
s.safe_substitute(s1=value, s2=value, s3=value,...)
```

使用此方式需要预先定义模板，然后通过相应的方法设置模板中所设定的 key（指 Template 中的 s1、s2……）。使用此方式的好处是不需要担心所传递的参数，它与设置的 key 完全对应上。如果我们要显示当前日期，那么字符串的拼接就可以这样来实现。实现代码如下。

```
from datetime import datetime,timezone  #导入datetime和timezone模块
from string import Template             #导入Template模块
a1="今天是"                             #定义字符串
a2=str(datetime.today().date())         #获取当前系统日期并将其直接转换成字符串类型
a3=",星期"                              #定义字符串
a4=str(datetime.now().weekday())        #获取当前为一周的第几天
sval=Template('${s1}${s2}${s3}${s4}')   #通过Template函数定义字符串模板
#通过safe_substitute()方法实现字符串拼接，并输出结果
print(sval.safe_substitute(s1=a1, s2=a2, s3=a3, s4=a4))
```

用其他方式（如 %s 和 format 方式）也可以实现字符串拼接，此处不展开讨论。

8.1.3　检索字符串

Python 提供了几种用于字符串检索的方法，通过这些方法可以在字符串中进行字符检索、统计和位置检索等。

使用 count() 方法可以统计一个字符串在字符串对象中出现的次数。其语法格式如下。

```
str.count(sub[,start[,end]])
```

我们可以直接在原字符串对象上调用 count() 方法。该方法包含 3 个参数，其中参数 sub 是必须提供的，表示要检索的子字符串，而 start 和 end 都是可选参数，分别表示检索范围的起始位置和结束位置。如果不指定这两个可选参数，则将从字符串的最左侧开始检索，而结束位置则是字符串的结尾处。

下面的代码统计在使用 help() 函数返回的部分文本内容中，Python 关键字出现的次数。

```
#定义字符串文本
vars="""Welcome to Python 3.7's help utility!
If this is your first time using Python, you should definitely check out
the tutorial on the Internet at https://docs.python.org/3.7/tutorial/.
"""
GetCount=vars.count("Python")                    #统计Python关键字的出现次数
 #输出Python关键字出现的次数
print("Python关键字出现的次数为",str(GetCount))
```

注意

在使用 count() 方法进行统计时，已经区分了字母大小写，所以文本最后一行的小写 “python” 并没有计算在内。

使用 find() 方法，查询一个子字符串在字符串对象中首次出现的位置。其语法格式如下。

```
Str,find<str,beg=o,end=len(string))
```

如果没有检索到该子字符串，则返回 -1。该方法包含 3 个参数，其中参数 sub 是必须提供的，表示要检索的子字符串，而 start 和 end 都是可选参数，分别表示检索范围的起始位置和结束位置。如果不指定这两个可选参数，则将从字符串的最左侧开始检索，而结束位置则是字符串的结尾处。

下面的示例查询 help() 函数返回的部分文本内容中关键字 Python 首次出现及第二次出现的位置。

```
#定义字符串文本
vars="""Welcome to Python 3.7's help utility!
```

```
If this is your first time using Python, you should definitely check out
the tutorial on the Internet at https://docs.python.org/3.7/tutorial/.
"""
firstIndex=vars.find("Python")                  #在整个字符串中检索
lastIndex=vars.find("Python",firstIndex+1)      #在指定开始位置后进行查找
    #输出"关键字Python首次出现的位置为11"
print("关键字Python首次出现的位置为",firstIndex)
    #输出"关键字Python第二次出现的位置为71"
print("关键字Python第二次出现的位置为",lastIndex)
```

说明

在进行第二次检索时，我们传入了查找范围的起始值，这里对首次出现的索引值加 1 就可以跳过第一个关键字，继续向后检索。

使用 index() 方法，查询一个子字符串在字符串对象中首次出现的位置。它与 find() 方法的功能相同，区别在于当 find() 方法没有检索到字符串时会返回 -1，而 index() 方法会抛出异常。该方法包含 3 个参数，这 3 个参数与 find() 方法的参数相同。

对于 help() 函数返回的部分文本内容，我们首先检索“Python”首次出现的位置，然后从该位置开始，到指定的位置结束，检索“python”出现的位置。实现代码如下。

```
#定义字符串文本
vars="""Welcome to Python 3.7's help utility!
If this is your first time using Python, you should definitely check out
the tutorial on the Internet at https://docs.python.org/3.7/tutorial/.
"""
firstIndex=vars.index("Python")                 #在整个字符串中检索
    #输出"关键字Python首次出现的位置为11"
print("关键字Python首次出现的位置为",firstIndex)
    #在指定开始位置和结束位置间进行查找
lastIndex=vars.index("python",firstIndex+1,100)
print("关键字python第二次出现的位置为",lastIndex) #如果能够检索到，则输出位置
```

运行该程序，在第一次检索并输出结果后，程序会抛出如下异常信息。

```
Traceback (most recent call last):
  File "F:/Python 开发详解/MR/Code/Demo/11/10/Demo.py", line 8, in <module>
    lastIndex=vars.index("python",firstIndex+1,100)#在指定开始位置后进行查找
ValueError: substring not found
```

> 💡说明
>
> 在进行“python”的检索时，我们所指定的结束位置是在该字符串中“python”的位置前面，所以本次检索不包含“python”，程序会抛出异常。

使用 startswith() 方法和 endswith() 方法可以分别判断一个字符串是否以指定的子字符串开始或结束，返回结果为 True 或 False。其语法格式如下。

```
str.startswith(prefix[,start[,end]])
str.endswith(prefix[,start[,end]])
```

startswith() 和 endswith() 方法的功能是相同的，区别是前一个检索字符串的开始处，后一个检索字符串的结束处，所以两个方法的参数也是相同的。其中参数 prefix 表示要检索的子字符串，而 start 和 end 是可选参数，分别表示检索范围的起始位置和结束位置。

我们可以使用这两个方法来检测一个域名是否使用加密协议，以及这个域名是不是国际顶级域名。实现代码如下。

```
url1="https://www.XXX.XX"                                #定义第一个网址
url2="https://www.XXXX.XXX"                              #定义第二个网址
#判断第一个网址的开始处是否与指定字符串匹配
isUrl1Https=url1.startswith("https")
#判断第一个网址的结束处是否与指定字符串匹配
isUrl1Com=url1.endswith("XX",url1.rfind("."))
#输出"域名 https://www.XXX.XX ，是否使用加密协议： True ，是不是国际顶级域名： False"
print("域名",url1,"，是否使用加密协议:",isUrl1Https,"，是不是国际顶级域名:",isUrl1Com)
#判断第二个网址的开始处是否与指定字符串匹配
isUrl2Https=url2.startswith("https")
#判断第二个网址的结束处是否与指定字符串匹配
isUrl2Com=url2.endswith("XXX",url1.rfind("."))
#输出"域名 https://www.XXXX.XXX ，是否使用加密协议： True ，是不是国际顶级域名： True"
print("域名",url2,"，是否使用加密协议:",isUrl2Https,"，是不是国际顶级域名:",isUrl2Com)
```

> 💡说明
>
> rfind() 方法与 find() 方法的功能相同，区别在于 rfind() 方法从右向左检索，同样的还有 rindex() 方法。

8.1.4　截取与更新字符串

字符串的截取可以应用到对文本内容的解析上，通常我们需要在已有的一段字符串中截取一部分内容，然后对这一部分内容进行逻辑处理。如图 8.1 所示，如果我们要在程序中获取当前文件（Demo.py）所在的盘符，那么其中一种办法就是首先获取文件的完整路径，然后截取第一个字符（通常第一个字符就是盘符）。

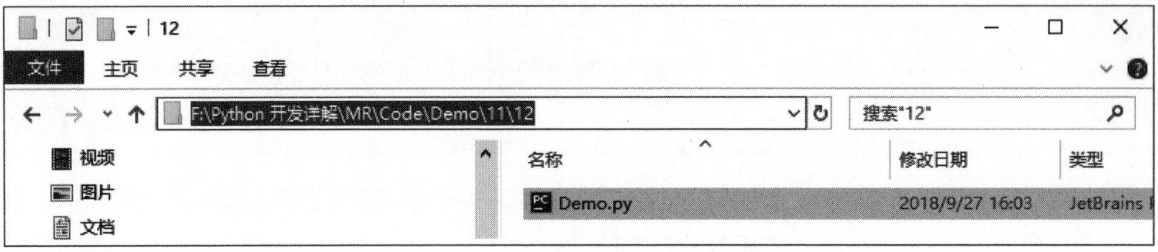

图 8.1　当前文件的路径

在 Python 中，对字符串同样可以进行遍历操作，所以实际上字符串也是一个序列。既然是序列，那么可以使用切片的方式来截取字符串，其语法格式如下。

```
string[start: end: step]
```

这里的 string 表示要截取的字符串或字符串变量，在花括号中以冒号进行索引的分隔。其中参数 start 表示要截取的起始位置，参数 end 表示要截取的结束位置，参数 step 表示切片步长，默认为 1。这 3 个参数实际上都可以单独使用，例如，只指定起始位置，或者只指定结束位置，甚至只指定步长参数也是允许的。

在实际开发中，若需要用到字符串的截取操作，就需要采用切片的方式来获取数据。下面这个示例就实现了手机号码的所属运营商查询功能。

```
def getPhone(num):                                              #自定义实现函数
    #定义移动运营商号码段
    mobile=[139,138,137,136,135,134,188,187,182,159,158,157,152,150]
    unicom=[130,131,132,155,156,186]                            #定义联通运营商号码段
    telecom=[133,153,180,189]                                   #定义电信运营商号码段
    threeNum=num[0:3]                                           #截取手机号的前3位
    #判断该手机号段是不是移动运营商所属
    if mobile.index(int(threeNum))>-1:
        return "中国移动"                                        #返回结果数据
    #判断该手机号段是不是联通运营商所属
    elif unicom.index(int(threeNum))>-1:
        return "中国联通"                                        #返回结果数据
    #判断该手机号段是不是电信运营商所属
    elif telecom.index(int(threeNum))>-1:
        return "中国电信"                                        #返回结果数据
    else:
        return "暂无运营商信息"                                  #返回结果数据

while True: #执行无限循环
    phoneNumber=input("请输入您的手机号：")                      #接收用户输入
```

```
result=getPhone(phoneNumber)                #获得手机号所属运营商
print("您的号码:",phoneNumber,", 所属运营商为",result) #输出获取结果
```

运行该程序，当用户输入一个有效的手机号码时，将会得到所属运营商信息。结果如下。

```
请输入您的手机号:158XXXXXXXX
您的号码: 158XXXXXXXX ,所属运营商为中国移动
请输入您的手机号:
```

注意

结果中最后一行“请输入您的手机号：”是执行无限循环时接收用户输入的提示信息。

字符串的更新也可以理解为字符串的替换操作，就是将某一字符串中一部分字符替换为指定的字符，语法格式如下。

```
str.replace(old [, new [, count]])
```

字符串对象本身的 replace() 方法可用于实现替换操作，它有 3 个参数。其中参数 old 表示原字符串，参数 new 表示新替换的字符串，可选参数 count 表示要替换的次数，如果不指定该可选参数，则替换所有匹配字符，而指定替换次数时的替换顺序是从左向右。

下面的示例将一个路径中的反斜线“\”替换成方便人们阅读的符号“>”，并输出原路径和友好显示路径。

```
import os                                  #导入os模块
path=os.getcwd()                           #获取当前路径
#进行多次替换
replacePath=path.replace("\\",">",5).replace("\\","章,示例").replace(":","盘")
print("原路径:",path)    #输出"原路径: F:\Python 开发详解\MR\Code\Demo\11\13"
#输出"友好显示: F盘>Python 开发详解>MR>Code>Demo>11章,示例13"
print("友好显示:",replacePath)
```

说明

反斜线“\”为转义字符，所以这里需要两条反斜线“\\”。

8.1.5　字符串的分割

在字符串的各项操作中，分割字符串也是很常用的一个操作。有时我们会对一个已知格式的字符串按照指定的字符进行分割，从而得到我们预计的数据。如图 8.2 所示，对一个带有字母和逗号“,”的字符串进行分割，按照逗号分割后，得到的就是字母列表数据。

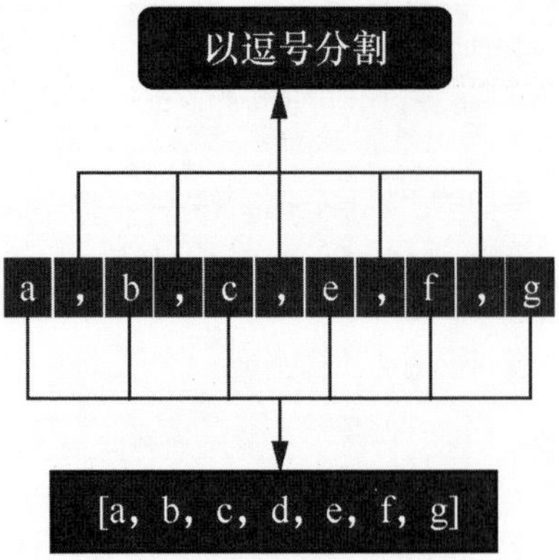

图 8.2　字符串分割

在 Python 中使用 split() 方法进行字符串分割后，我们将会得到一个字符串列表。其语法格式如下。

```
str.split(sep,maxsplit)
```

字符串对象本身的 split() 方法可用于实现分割操作，它有两个参数。其中参数 sep 表示分割符，参数 maxsplit 表示要分割的次数，如果不指定该参数，则分割所有匹配字符，而指定分割次数时的分割顺序是从左向右。

下面的示例演示了字符串分割的多种形式，我们先快速地了解一下 split() 方法的用法。

```
s1='a,b,c'                  #定义字符串
s2='a b c d'                #定义字符串
s3='a,b,,c'                 #定义字符串
#定义字符串
s4="""a,     b
c
d"""
s1Split=s1.split(',')       #按照逗号分割
s2Split1=s2.split()         #按照默认值分割。默认值为None，包括空格、换行符和制表符等
s2Split2=s2.split(' ',2)    #按照空格分割，同时只分割两次
s3Split1=s3.split(',')      #按照逗号分割
s4Split1=s4.split('\t')     #按照制表符分割
s4Split2=s4.split('\n')     #按照换行符分割
print(s1Split)              #输出"['a', 'b', 'c']"
print(s2Split1)             #输出"['a', 'b', 'c', 'd']"
print(s2Split2)             #输出"['a', 'b', 'c d']"
print(s3Split1)             #输出"['a', 'b', '', 'c']"
print(s4Split1)             #输出"['a,     b\nc\nd']","\n"表示换行符
print(s4Split2)             #输出"['a,     b', 'c', 'd']"
```

> **注意**
>
> 对于序列中的元素，换行是以换行符“\n”来表示的。

在实际应用中，可能会遇见更加复杂的数据分割形式，例如，经过多次分割后才能得到想要获取的数据。下面的示例用于实现 Python 版权信息的分割，程序在进行多次分割后得到 Python 各大版本的发行时间。

```
import sys;                                   #导入sys模块
copyright=sys.copyright                       #获取版权信息
everyCopyright=copyright.split('\n')          #按照换行符分割
Va=everyCopyright[0]                          #获取带有发行时间的行数据
Vb=everyCopyright[3]                          #获取带有发行时间的行数据
Vc=everyCopyright[6]                          #获取带有发行时间的行数据
Vd=everyCopyright[9]                          #获取带有发行时间的行数据
times1=Va.split(' ')[2]                       #按照空格分割后，取出第二个元素数据，即发行时间
times2=Vb.split(' ')[2]                       #按照空格分割后，取出第二个元素数据，即发行时间
times3=Vc.split(' ')[2]                       #按照空格分割后，取出第二个元素数据，即发行时间
times4=Vd.split(' ')[2]                       #按照空格分割后，取出第二个元素数据，即发行时间
times4Split=times4.split('-')                 #按照"-"分割带有范围的发行时间
times3Split=times3.split('-')                 #按照"-"分割带有范围的发行时间
times1Split=times1.split('-')                 #按照"-"分割带有范围的发行时间
print(copyright)                              #输出全部版权信息
#输出发行时间
print("首个版本发行时间：",times4Split[0],"年，首个版本最新更新版本发行时间：",
      times4Split[1],"年")
#输出发行时间
print("第二个版本发行时间：",times3Split[0],"年，第二个版本最新更新版本发行时间：",
      times3Split[1],"年")
#输出发行时间
print("第三个版本发行时间：",times2,"年")
#输出发行时间
print("第四个版本发行时间：",times1Split[0],"年，第四个版本最新更新版本发行时间：",
times1Split[1],"年")
```

运行程序，将得到各版本的发行时间。结果如下。

```
Copyright (c) 2001-2018 Python Software Foundation.
All Rights Reserved.

Copyright (c) 2000 BeOpen.com.
All Rights Reserved.

Copyright (c) 1995-2001 Corporation for National Research Initiatives.
```

```
All Rights Reserved.

Copyright (c) 1991-1995 Stichting Mathematisch Centrum, Amsterdam.
All Rights Reserved.
首个版本发行时间：1991年，首个版本最新更新版本发行时间：1995年
第二个版本发行时间：1995年，第二个版本最新更新版本发行时间：2001年
第三个版本发行时间：2000年
第四个版本发行时间：2001年，第四个版本最新更新版本发行时间：2018年
```

8.1.6 字符串中字母的大小写转换

Python 提供了几种用于字母大小写转换的方法。在所支持的转换中，除了全部字母大小写转换外，还有首字母大写和所有单词首字母大写的转换方法。图 8.3 所示为当对一个字符串进行转换后，可以得到的几种转换结果。

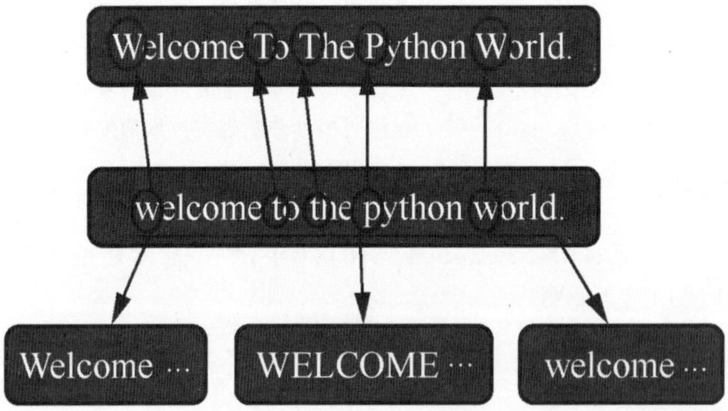

图 8.3　字符串大小写转换

首先，我们认识一下字符串对象大小写转换的实现方法。

```
str.upper()
str.lower()
str.capitalize()
str.title()
```

从方法名称上可以看出，方法 upper() 用于将所有字母转换成大写，而方法 lower() 用于将所有字母转换成小写，方法 capitalize() 和 title() 又实现了首字母大写的转换功能。方法 capitalize() 用于使整段内容中字符串的首字母大写转换，并且无论后面剩余的字母是不是大写，都会将其转换成小写。title() 方法用于将每个单词的首字母转换成大写。

下面我们通过示例代码看一下这几个方法的转换形式。

```
s1="Python"                    #定义字符串
upperS1=s1.upper()             #全部转换成大写
print(upperS1)                 #输出"PYTHON"
lowerS1=upperS1.lower()        #全部转换成小写
print(lowerS1)                 #输出"python"
s2="heLLo woRld"               #定义字符串
capitalizeS2=s2.capitalize()   #将首字母转换成大写，剩余的全部小写
print(capitalizeS2)            #输出"Hello world"
titleS2=s2.title()             #将每个单词的首字母转换成大写，剩余的全部小写
print(titleS2)                 #剩余"Hello World"
s3="吃饭了吗abc"                #定义字符串
titleS3=s3.title()             #将遇见的第一个字母转换成大写
print(titleS3)                 #输出"吃饭了吗Abc"
s4="xzyabc"                    #定义字符串
titleS4=s4.title()             #将第一个字母转换成大写
print(titleS4)                 #输出"Xzyabc"
```

说明

在使用 title() 方法对变量 s3 进行转换时，汉字之后的第一个英文字母同样会被视为单词首字母。

8.1.7　去除字符串中的空格和特殊字符

有时，我们需要对字符串进行一些基本的数据处理，例如，处理包含的空格、制表符、换行符和其他特殊字符等。如图 8.4 所示，在一个字符串的首尾处出现了空格和特殊符号，这种情况可能是用户的输入或数据源不统一导致的。因此，为了使数据更准确，我们必须去除这些字符。

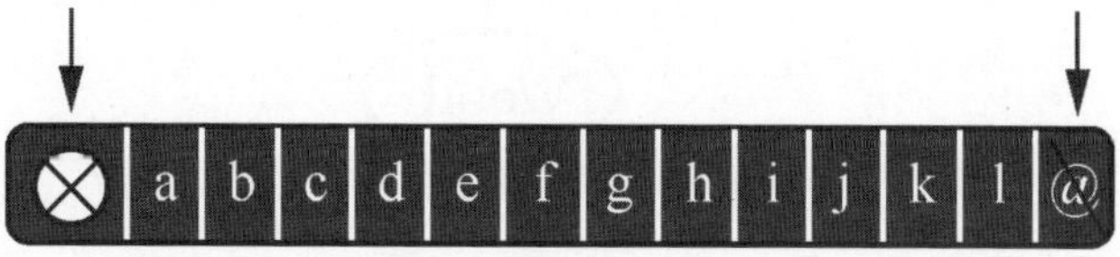

图 8.4　去除空格以及特殊字符

在 Python 中，我们不需要自己去查找、判断和去除这些特殊字符，因为 Python 的字符串对象已经提供了几个可用的方法，我们先来看一下这几个方法。

```
str.strip([chars])
str.lstrip([chars])
str.rstrip([chars])
```

这 3 个方法都是用于去除字符串中的空格或特殊字符的，区别在于 strip() 方法用于去除字符串左右两边的特殊字符或空格，lstrip() 方法用于去除字符串左边的特殊字符或空格，而 rstrip() 方法用于去除字符串右边的特殊字符或空格。这 3 个方法的参数是相同的，也都是可选参数。如果传递该参数，那么

该参数的值表示要去除的字符；如果不指定该参数值，则默认去除空格、制表符、回车符和换行符等。

下面我们通过这 3 个方法来去除几种不同形式的特殊字符。

```
s1=" hello python"    #定义字符串
s2="hello python    " #定义字符串
s3=" hello python*"   #定义字符串
s4="  %hello python " #定义字符串
print(s1.lstrip())    #输出"hello python"
print(s2.rstrip())    #输出"hello python"
print(s3.strip(" *")) #输出"hello python"
print(s4.strip(" %")) #输出"hello python"
```

8.1.8 格式化字符串

格式化字符串与前面我们所学的拼接字符串很相像，因为这两种操作的目的都是将一个字符串附加到另一个字符串后面，但格式化字符串的可配置性会更强一些。之所以这样说，是因为格式化字符串需要先指定一个模板，然后在这个模板中通过特殊符号来标记占位符，这个占位符就是后期将指定的字符串填充到该位置的标记。如图 8.5 所示，在所定义的字符串中，模板占位符可以被填充为其他任何字符串。

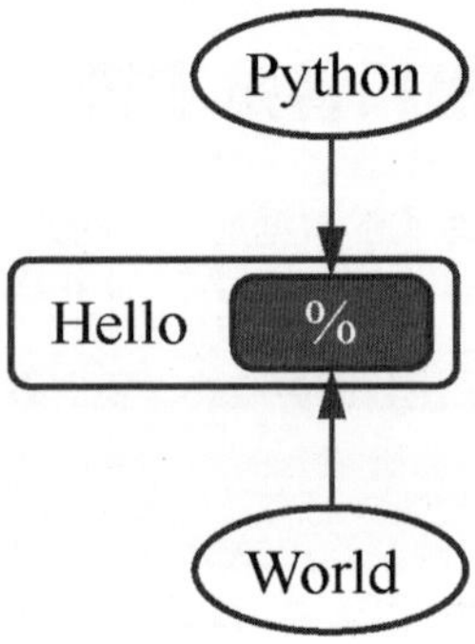

图 8.5 格式化字符串

在 Python 中，格式化字符串可以通过“%”运算符以及 format() 方法这两种方式来实现。首先，介绍如何通过“%”运算符实现格式化字符串。语法格式如下。

```
'%s' % exp
'%[-][+][0][m][.n]格式化字符' % exp
```

模板中的“%s”表示要进行内容填充的占位符，百分号“%”后面是要填充的内容，通常为一个元组或字典。除了基本的写法外，我们还可以使用更多的参数来格式化字符串。例如，使用符号“- ”表示字符串左对齐，后面跟随一个数字，表示要对齐的位数，而符号“+”表示字符串右对齐。参数“0”表示字符串右对齐，用“0”填充空白处。参数“ m”和“.n”分别表示占有的宽度和小数点后面保留的位数。“格式化字符”表示要格式化的类型。

接下来，我们通过“%”生成创建表的 SQl 语句，使用 while 无限循环来接收用户输入。代码如下。

```
getFiled="\t%s %s,"                                  #定义生成字段的模板
createStr="create table %s \n(\n%s\n)"               #定义创建表的模板
fileds="%s"                                          #定义多字段拼接模板
while True:                                          #无限循环
    fieldName=input("请输入字段名称: ")              #接收用户输入的字段名称
    fieldType=input("请输入字段类型: ")              #接收用户输入的字段类型
    fileds=fileds%(getFiled%(fieldName,fieldType))+"%s"#格式化字段模板
    while input("是否继续添加字段？若继续添加请输入y，否则输入n")=="y":  #询问用户
        fieldNameN=input("请输入字段名称: ")         #接收用户输入的字段名称
        fieldTypeN=input("请输入字段类型: ")         #接收用户输入的字段类型
        #格式化字段模板
        fileds=fileds % "\n"+(getFiled % (fieldNameN, fieldTypeN)) + "%s"
    tabName=input("请输入表的名称: ")                #接收用户输入的表名
    fileds=fileds%("")                               #格式化字段模板
    scriptStr=createStr%(tabName,fileds.rstrip(","))  #格式化创建表的模板
    print(scriptStr)                                 #输出SQL语句
```

运行程序，然后在控制台中输入各项信息，最后得出如下结果。

```
请输入字段名称: id
请输入字段类型: int
是否继续添加字段？若继续添加请输入y，否则输入ny
请输入字段名称: name
请输入字段类型: varchar(32)
是否继续添加字段？若继续添加请输入y，否则输入ny
请输入字段名称: sex
请输入字段类型: varchar(2)
是否继续添加字段？若继续添加请输入y，否则输入ny
请输入字段名称: age
请输入字段类型: int
是否继续添加字段？若继续添加请输入y，否则输入nn
请输入表的名称: UserInfo
create table UserInfo
(
    id int,
    name varchar(2),
    sex varchar(2),
    age int
)
请输入字段名称:
```

使用“%”运算符是较早版本中常用的一种格式化方式，从 Python 2.6 开始字符串对象提供了

format() 方法来实现字符串的格式化，但在后期版本的 Python 中也一直保留着“%”方式。实际上，format() 方法要比“%”方式更先进，所以这里推荐使用 format() 方法来格式化字符串。

format() 是字符串对象提供的方法，所以在使用时，我们需要在字符串中来定义模板，然后通过 format() 方法来填充模板占位符。其语法格式如下。

```
str.format(args)
```

参数 args 表示要转换的项，项之间用逗号进行分隔。

format() 方法指定了转换项，而模板的定义直接在字符串中指定。在定义模板时，需要使用“{}”和“:”指定占位符，语法格式如下。

```
{[index] [:[[fill]align][sign][#][width][.precision][type]]}
```

“[ ]”内都是可选参数，在进行格式化的过程中，这些参数可用于实现不同的功能。具体参数说明如下。

- index：用于指定模板列表的顺序，从 0 开始。如果忽略该参数，则根据模板列表创建顺序从左到右排列。
- fill：用于指定空白处填充的字符。
- align：用于指定对齐方式，值可以为“<”“>”“=”和“^”。该参数需要配合 width 参数一起使用。
- sign：用于指定有无符号数，值可以为“+”“-”和空格。
- #：对于二进制、八进制和十六进制，如果加上“#”，则会显示 0b/0o/0x 前缀；否则，不显示前缀。
- width：用于指定所占宽度。
- .precision：用于指定要保留的小数位数。
- type：用于指定类型。

在实际应用中，我们可以根据需求使用不同的参数。例如，通过 format() 方法实现一个 HTML 表格的制作，并且实现 td 内容填充。代码如下。

```
class table:                                              #定义类
    __tab="<table>{:s}\n</table>"                         #定义table模板
    __trs="{:s}"                                          #定义tr累加模板
    __tds="{:s}"                                          #定义td累加模板
    def appendTr(self):                                   #定义追加tr的方法
        tr="\n\t<tr>{:s}\n\t</tr>"                        #定义tr模板
          self.__trs=self.__trs.format(tr.format(self.__tds.ormat("")))+"{:s}"
#格式化tr模板
        self.__tds="{:s}"                                 #重置td累加模板
    def appendTdText(self,text):                          #定义追加td的方法，格式为文本
        td="\n\t\t<td>{:s}</td>"                          #定义td模板
       self.__tds=self.__tds.format(td.format(text))+"{:s}" #格式化td模板
    def appendTdMoney(self, val):                         #定义追加td的方法，格式为货币
        td="\n\t\t<td> ¥{:,.2f}</td>"                     #定义td模板
```

```
        self.__tds=self.__tds.format(td.format(val))+"{:s}#格式化td模板
    def appendTdNo(self, val):                #定义追加td的方法，格式为编号
        td="\n\t\t<td>{:0>3s}</td>"           #定义td模板
      self.__tds=self.__tds.format(td.format(val))+"{:s}" #格式化td模板
    def over(self):                           #定义表格生成方法
        self.__tab=self.__tab.format(self.__trs.format("")) #格式化table模板
        return self.__tab                     #返回字符串
getTable=table()                              #创建table类
getTable.appendTdNo("1")                      #添加第1行第1列（编号）
getTable.appendTdMoney(8699)                  #添加第1行第2列（价格）
getTable.appendTdText("iPhone XS")            #添加第1行第3列（名称）
getTable.appendTr()                           #添加行
getTable.appendTdNo("2")                      #添加第2行第1列（编号）
getTable.appendTdMoney(9599)                  #添加第2行第2列（价格）
getTable.appendTdText("iPhone XS Max")        #添加第2行第3列（名称）
getTable.appendTr()                           #添加行
getTable.appendTdNo("3")                      #添加第3行第1列（编号）
getTable.appendTdMoney(6499)                  #添加第3行第2列（价格）
getTable.appendTdText("iPhone XR")            #添加第3行第3列（名称）
getTable.appendTr()                           #添加行
print(getTable.over())                        #生成表格字符串并输出
```

运行程序，最后得出如下结果。

```
<table>
        <tr>
         <td>001</td>
         <td>￥8,699.00</td>
         <td>iPhone XS</td>
        </tr>
        <tr>
         <td>002</td>
         <td>￥9,599.00</td>
         <td>iPhone XS Max</td>
        </tr>
        <tr>
         <td>003</td>
         <td>￥6,499.00</td>
         <td>iPhone XR</td>
        </tr>
</table>
```

8.2 字符编码转换

与其他编程语言一样，Python 可以支持多种字符编码格式，我们可以根据不同的字符类型使用不同的编码。首先，我们简单地认识一下类字符编码，如表 8.1 所示。

表 8.1　字符编码表

编　码	说　明
ASCII	显示英语及西欧语言
GB 2312- 80	简体中文字符集，兼容 ASCII
Unicode	国际标准组织统一标准字符集
GBK	GB 2312- 80 的扩展字符集，支持繁体字，兼容 GB 2312- 80
UTF- 8	不定长编码

在 Python 中，字符编码操作有 3 种数据状态。首先是明文字符，也就是程序员所定义的字符，其次经过转换，在内存中将以 Unicode 格式存储，最后，保存到磁盘上时会相应地转换成 UTF- 8 或 GBK 等编码格式。转换过程如图 8.6 所示。

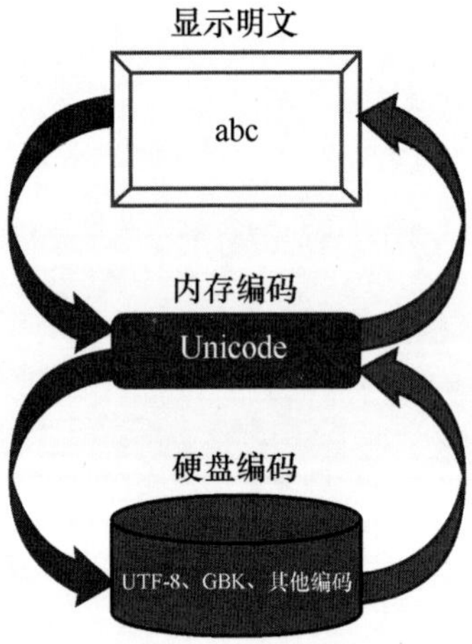

图 8.6　转换过程

图 8.6 中，左侧的箭头表示编码过程，在 Python 中使用字符串对象的 encode() 方法来实现编码。右侧的箭头表示解码过程，解码字符则需要使用 bytes 对象的 decode() 方法来实现。

8.2.1 用 encode() 方法编码

encode() 方法是字符串对象内置的一个实现方法，用于实现编码操作。其语法格式如下。

```
str.encode([encoding[,errors]])
```

参数 encoding 表示要进行编码的字符格式，如果不指定该参数，则默认编码格式为 UTF- 8。参数

errors 用于指定错误的处理方式，它的值可以是 strict（遇到非法字符抛出异常）、ignore（忽略非法字符）、replace（用“?”替换非法字符）或 xmlcharrefreplace（使用 XML 的字符引用）等，默认值为 strict。

要对一段带有中文内容的字符串进行编码，实现代码如下。

```
str="弄清楚 Python 字符编码，以免被编码问题所困扰！"    #定义字符串
utf8Str=str.encode(encoding="utf-8")                  #采用 UTF-8 编码
gbkStr=str.encode(encoding="GBK")                     #采用 GBK 编码
print(utf8Str)                                        #输出 UTF-8 编码内容
print(gbkStr)                                         #输出 GBK 编码内容
```

运行程序，得到如下结果。

```
b'\xe5\xbc\x84\xe6\xb8\x85\xe6\xa5\x9aPython\xe5\xad\x97\xe7\xac\xa6\xe7\
xbc\x96\xe7\xa0\x81\xef\xbc\x8c\xe4\xbb\xa5\xe5\x85\x8d\xe8\xa2\xab\xe7\
xbc\x96\xe7\xa0\x81\xe9\x97\xae\xe9\xa2\x98\xe6\x89\x80\xe5\x9b\xb0\xe6\
x89\xb0!'
b'\xc5\xaa\xc7\xe5\xb3\xfePython\xd7\xd6\xb7\xfb\xb1\xe0\xc2\xeb\xa3\xac\
xd2\xd4\xc3\xe2\xb1\xbb\xb1\xe0\xc2\xeb\xce\xca\xcc\xe2\xcb\xf9\xc0\xa7\
xc8\xc5!'
```

8.2.2 用 decode() 方法解码

decode() 方法是 bytes 对象内置的一个实现方法，用于实现解码操作。其语法格式如下。

```
bytes.decode([encoding[,errors]])
```

参数 encoding 表示要进行解码的字符格式，如果不指定该参数，则默认编码格式为 UTF- 8。参数 errors 用于指定错误的处理方式，它的值可以是 strict（遇到非法字符抛出异常）、ignore（忽略非法字符）、replace（用“?”替换非法字符）或 xmlcharrefreplace（使用 XML 的字符引用）等，默认值为 strict。

要对已经编码的 bytes 内容进行解码，实现代码如下。

```
#定义字节编码
Bytes1=bytes(b'\xe5\xbc\x84\xe6\xb8\x85\xe6\xa5\x9aPython\xe5\xad\x97\
            xe7\xac\xa6\xe7\xbc\x96\xe7\xa0\x81\xef\xbc\x8c\xe4\xbb\xa5\
            xe5\x85\x8d\xe8\xa2\xab\xe7\xbc\x96\xe7\xa0\x81\xe9\x97\xae\
            xe9\xa2\x98\xe6\x89\x80\xe5\x9b\xb0\xe6\x89\xb0!')
#定义字节编码
Bytes2=bytes(b'\xc5\xaa\xc7\xe5\xb3\xfePython\xd7\xd6\xb7\xfb\xb1\xe0\
            xc2\xeb\xa3\xac\xd2\xd4\xc3\xe2\xb1\xbb\xb1\xe0\xc2\xeb\xce\
            xca\xcc\xe2\xcb\xf9\xc0\xa7\xc8\xc5!')
```

```
str1=Bytes1.decode("utf-8")  #进行UTF-8解码
str2=Bytes2.decode("GBK")    #进行GBK解码
print(str1)                  #输出UTF-8解码后的内容
print(str2)                  #输出GBK解码后的内容
```

运行程序，得到如下结果。

```
弄清楚Python字符编码，以免被编码问题所困扰！
弄清楚Python字符编码，以免被编码问题所困扰！
```

8.3 转义字符与原始字符

在我们使用字符串时，会经常将一些特殊符号（如换行符、制表符、单引号或双引号等）嵌入字符串。这些特殊字符也许不能够以可见字符直接输入，或输入后与字符串本身的定义产生冲突，因此就需要用转义字符（即反斜线“\”）来实现。这时，我们只需在字符串中需要用到特殊字符的位置使用转义字符就可以实现。如图 8.7 所示，在字母“c”的后面，使用了制表符，在字母“e”的后面使用了换行符。

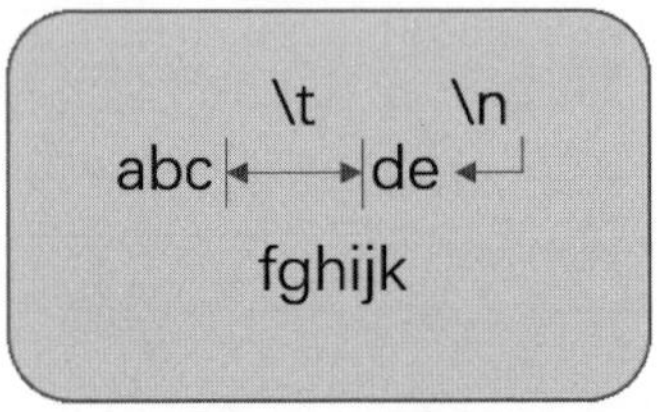

图 8.7　转义字符

8.3.1 转义字符

在每一次进行转义操作时，都需要使用反斜线“\”，后面跟随具有特定含义的字符，例如 \n。下面列出了常用的转义字符。

- \：行尾续行符。
- \\：反斜线。
- \'：单引号。
- \"：双引号。
- \a：警告。
- \b：退格。
- \e：转义。
- \000：空。
- \n：换行。
- \v：纵向制表符。
- \t：横向制表符。
- \r：回车。
- \f：换页。

- \oyy：八进制数 yy 代表的字符，例如，“\o12”代表换行。
- \xyy：十六进制数 yy 代表的字符，例如，“\x0a”代表换行。
- \other：其他的字符以普通格式输出。

Python 语言最具特色的一点就是用缩进来区分代码块。针对这个特点，在字符串中定义 Python 中的函数，然后通过转义字符实现代码换行及缩进。代码如下。

```
funcVar="def MyFunc():\n\tprint('hello world')"  #用函数定义字符串
print(funcVar)                                    #输出标准函数定义的格式字符串
```

运行程序，得到如下结果。

```
def MyFunc():
    print('hello world')
```

如果在定义字符串的过程中需要用到单引号或者双引号，而对于字符串的定义也要使用单引号或双引号，通常的做法就是用单引号定义字符串，字符串内容中就可以使用双引号，或者反过来定义和使用也是可以的。但如果程序刚好使用双引号定义的字符串，字符串内容中也会用到双引号，直接使用就会产生语法错误，因为这样会导致代码歧义和冲突。如图 8.8 所示，在代码编写过程中，编辑器会直接报出代码语法错误消息。

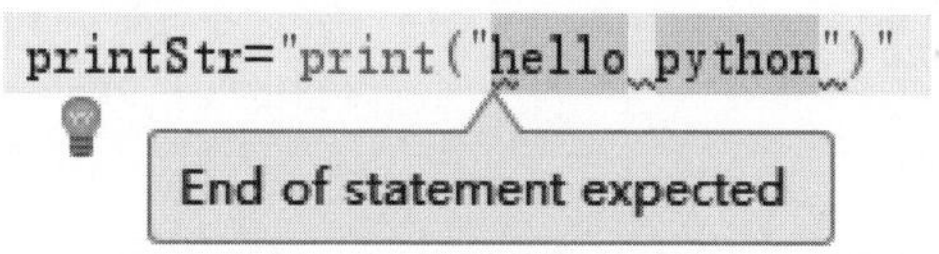

图 8.8　代码语法错误消息

若遇到这样的问题，我们就需要用到转义字符，也就是通过反斜线加双引号来定义，即使用“\"”转义字符。下面的示例中，定义一个字符串变量，内容为 print() 函数输出的一段字符串文本内容，而在 print() 函数内需要使用双引号来定义字符串。这时，我们可使用转义字符来定义，然后通过 eval() 函数来执行所定义的字符串表达式。代码如下。

```
printStr="print(\"hello python\")"     #定义字符串
eval(printStr)                          #执行字符串表达式
```

说明

eval() 函数用于执行一个字符串表达式。

上面这几种转义字符都是很常用的。我们通过以下代码了解转义字符的功能。

```
pythonUrl='C:\Program Files\Python37\tcl'#定义字符串
print(pythonUrl)                          #输出"C:\Program Files\Python37	cl"
```

可以看到在程序中我们定义了一个文件目录字符串，目录指向了 Python 安装路径下的 tcl 文件夹，这是标准的文件路径格式。但是，当我们定义在字符串中时，反斜线“\”会将字母“t”转义成制表符，这时，这个目录就发生了错误。针对这个问题，我们可以想到，其实我们想要保留的是反斜线“\”，实际上就是避免这种无意间的转义。下面的示例演示了如何稳定地输出反斜线“\”。

```
pythonUrl='C:\\Program Files\\Python37\\tcl' #定义字符串
print(pythonUrl)                         #输出"C:\Program Files\Python37\tcl"
```

示例中我们使用两条反斜线“\”来表示一条反斜线的输出，实际上，前面的反斜线对后面的反斜线进行了转义输出。为了保证程序的可靠性，我们在每一条反斜线前都固定添加一条“\”。

8.3.2 原始字符

前面我们所学习的转义字符用于对普通字符串进行转义，虽然使用它们能够实现特殊符号的输出，但在其中还会有一些弊端。例如，如果目录层次结构很“深”，那么我们需要在每一级目录的“\”符号前都手动添加一条反斜线“\”，这无疑会增加很多工作量。所以，在 Python 中，有原始字符的概念。

Python 中的原始字符在普通字符串前加上一个字符“r”来标记。同样要输出当前 Python 安装路径下的“tcl”文件夹，通过字符“r”来定义原始字符可以很轻松地解决字符转义的问题。

```
pythonUrl=r'C:\Program Files\Python37\tcl' #定义字符串
print(pythonUrl)                           #输出"C:\Program Files\Python37\tcl"
```

> 说明
>
> 字符“r”可以是小写的也可以是大写的。

8.4 字符串运算符

使用字符串运算符可以对字符串进行各种更快捷的操作，例如，用“[:]”就可以很快速地获取指定范围内的字符串。除此之外，我们还可以进行更多的操作，如图 8.9 所示的复制、拼接、检索和判断等。

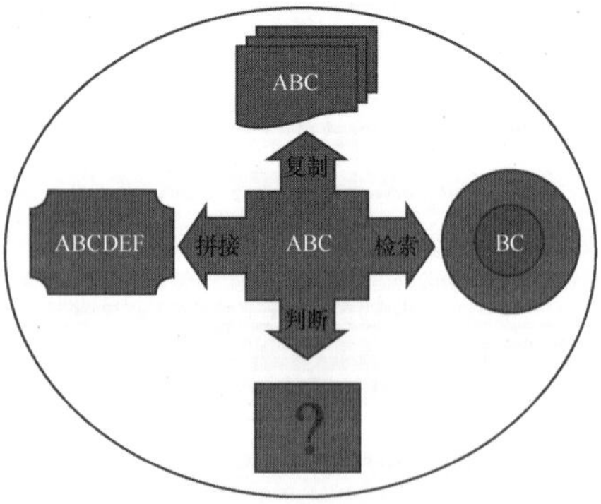

图 8.9　字符串运算符

8.4.1 认识字符串运算符

我们先来认识一下字符串运算符，其中包括我们前面已经学到过的一些运算符及用法。常用的字符串运算符如下。

- +：用于连接字符串。
- *：用于重复输出字符串。
- [ ]：用于通过索引获取字符串中的字符。
- [:]：用于截取字符串中的一部分。
- in：成员运算符，如果字符串包含给定的字符，返回 True。
- not in：成员运算符，如果字符串不包含给定的字符，返回 True。
- r/R：原始字符串。
- %：格式字符串。

在上述列出的字符串运算符中，我们已经学习过 +、[:]、r/R 以及 %。除了这些字符串运算符外，我们还可以通过其他字符串运算符实现更复杂的操作。

8.4.2　应用字符串运算符

这里我们主要应用那些我们还没有学习过的字符串运算符，通过示例演示各字符串运算符的实际用法。

首先，我们学习如何使用“*”运算符，它的作用是重复输出字符串，我们可以将其视为一个复制过程，其语法格式如下。

```
s*number
```

其中，s 表示要复制的原字符串，number 表示重复次数，这里需要将其指定为一个数字，然后使用“*”符号将其连在一起就可以实现指定次数的字符串复制。下面的示例实现了对一段字符串进行指定次数的复制，并输出复制后的字符串内容。

```
str="重要的事情说3遍！\n"#定义字符串
strThree=str*3            #重复3次
print(strThree)           #输出重复后的字符串内容
```

> **注意**
> 在字符串的结尾处，使用“\n”转义字符实现字符串的换行，否则，字符串将连续输出。

运行程序，得到如下结果。

```
重要的事情说3遍！
重要的事情说3遍！
重要的事情说3遍！
```

“[ ]”运算符与“[:]”运算符类似，都通过索引来获取字符串内容，区别在于“[ ]”只需要提供一个索引，而“[:]”需要提供范围索引。所以，通过“[ ]”运算符获取的字符串内容也只能是单个字符。其语法格式如下。

```
str[index]
```

其中，str 表示要获取的原字符串，index 表示要获取的字符的索引，该索引从 0 开始，如果超出索引范围，那么程序将抛出错误。要在 26 个英文字母中通过索引来获取其中某一个字母，代码如下。

```
def getEn(index):                                      #定义获取函数
    if index<0 or index>26:                            #判断索引是否合法
        return "error"                                 #如果非法，返回错误
    else:
        ens="abcdefghijklmnopqrstuvwxyz"               #否则，定义字符串
        return ens[index-1]    #将用户输入的索引减1，因为用户认为1是起始位置
while True:                                            #执行无限循环
    getIndex=input("请输入26个英文字母中某一个字母的位置：")#接收用户输入
    index=int(getIndex)                    #将用户输入的内容转换为整数
    En=getEn(index)                        #调用getEn()函数，获取单个字母
    print(En)                              #输出获取的字母内容
```

运行程序，任意输入一些索引，将会得到相应的结果，如下所示。

```
请输入26个英文字母中某一个字母的位置：1
a
请输入26个英文字母中某一个字母的位置：16
p
请输入26个英文字母中某一个字母的位置：26
z
请输入26个英文字母中某一个字母的位置：27
error
请输入26个英文字母中某一个字母的位置：
```

“in”运算符实际上是一个关键字，主要用于判断某一字符串是否出现在指定的字符串中，这一过程是连续性的。如果存在包含关系，则返回结果 True；否则，返回 False。其语法格式如下。

```
str1 in str2
```

在“in”关键字前后各有一个字符串对象，其中左侧的 str1 表示被包含字符串，右侧的 str2 表示要进行查找的原字符串。通常，我们会使用 if 来判断包含结果。要判断用户输入的邮箱地址是否属于所定义邮箱中的一个，代码如下。

```
def IsMailExists(mail):                       #定义方法
    email1="@live@hotmail@126@QQ@yahoo"       #定义匹配邮箱
    sta=mail.index("@")                       #获取用户邮箱地址中"@"的位置
    end=mail.index(".",sta)                   #获取用户邮箱地址中"."的位置
```

```
    getMail=mail[sta+1:end]                  #获取用户邮箱地址的所属邮箱
    if getMail in email1:                    #判断用户邮箱是否出现在定义的邮箱中
        return "邮箱地址:"+mail+"属于邮箱["+email1+"]中的一个。" #返回找到的结果
    else:
        return "未找到所属邮箱"
while True:                                  #执行无限循环
    myEmail=input("请输入您的邮箱地址:")      #接收用户输入
    IsEmail=IsMailExists(myEmail)            #传入邮箱地址获取结果
    print(IsEmail)                           #输出获取结果
```

运行程序，输入自定义邮箱地址，将会得到相应的结果，交互过程如下。

```
请输入您的邮箱地址:test@yahoo.com
邮箱地址:test@yahoo.com属于邮箱[@live@hotmail@126@QQ@yahoo]中的一个。
请输入您的邮箱地址:test@gmail.com
未找到所属邮箱
请输入您的邮箱地址:
```

“not in”与“in”正好是相反的操作，“not in”用于判断一个字符串是否不包含在另一个字符串中。这里值得注意的是，如果不包含，则返回 True；否则，返回 False。其语法格式如下。

```
str1 not in str2
```

使用“not in”和“in”可以实现相同的程序功能。在逻辑上，要确定使用哪一种方式更接近程序的实现。例如，要判断系统中是否已经存在用户所输入的用户名，如果存在，则提示用户无法进行注册，代码如下。

```
def IsExisUser(user):#定义方法
    userInfos="Wilson|James|Leon|Kevin|Denny|Bill|Nick"#定义用户名字符串
    if user not in userInfos: #判断是否不包含
        return "注册成功"#返回成功消息
    else:#否则包含
        return "系统中已经存在"+user+"用户名，请更换后重新注册!"#返回失败消息
while True:#执行无限循环
    userName=input("请输入用户名:")#接收用户输入的用户名
    msg=IsExisUser(userName)#判断能否注册
    print(msg)#输出注册结果
```

运行程序，根据提示输入用户名，交互结果如下。

```
请输入用户名:James
系统中已经存在James用户名，请更换后重新注册!
请输入用户名:Evan
```

```
注册成功
请输入用户名：
```

8.5 字符串的操作方法

字符串的操作方法又可以称为字符串内置函数，前面我们学习的 index() 方法、upper() 方法等都属于字符串的操作方法。实际上，除了前面我们所学习到的那些用途，如图 8.10 所示，这些操作方法还有更多的用途。

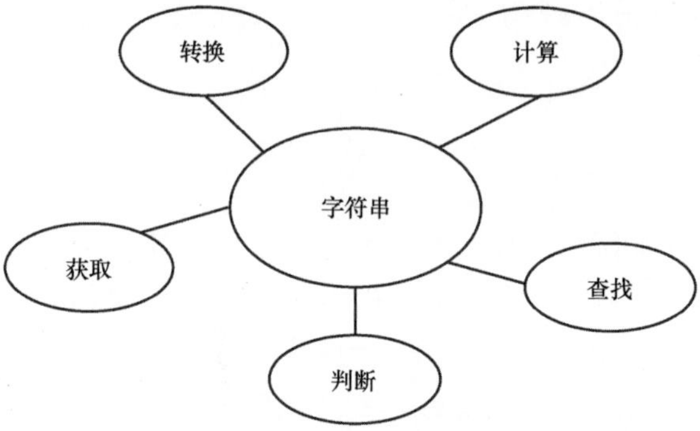

图 8.10　字符串操作方法的用途

8.5.1 center()、ljust()、rjust()、zfill() 方法的应用

总的来说，center()、ljust()、rjust()、zfill() 这 4 个方法都用于将原字符串扩充至指定长度，然后以指定字符填充空白位置，最终返回一个新的字符串。这 4 个方法都包含 width 参数，width 减去原字符串长度就是要进行填充的长度。一个方格存储一个字符，图 8.11 描述了所有对齐方式。

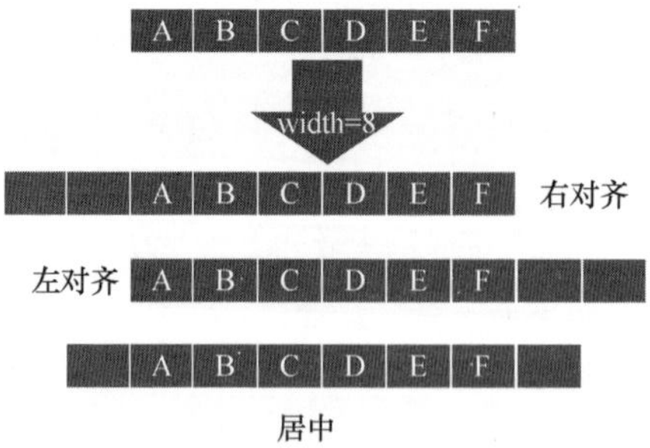

图 8.11　字符串对齐方式

下面介绍这 4 个方法的实际用法。

center() 方法用于使字符串居中，并使用指定字符填充字符串两侧。其语法格式如下。

```
str.center(width[,fillchar])
```

width 参数表示要扩充的长度，即新字符串的总长度。fillchar 参数表示要填充的字符，如果不指定该参数，则使用空格字符来填充。下面的示例展示 center() 方法在指定不同长度时，分别实现的几种不同对齐方式。

```
#长度为14，不指定填充字符，前后各由一个空格字符来填充
print("hello python".center(14))
#长度为14，指定填充字符，前后各由一个“-”字符来填充
print("hello python".center(14,"-"))
#长度为13，只在字符串前填充一个“-”字符
print("hello python".center(13,"-"))
#长度为15,字符串前填充两个“-”字符，字符串后填充一个“-”字符
print("hello python".center(15,"-"))
#长度为8,不足原字符串长度，因此输出原字符串
print("hello python".center(8,"-"))
```

运行程序，分别输出如下结果。

```
 hello python 
-hello python-
-hello python
--hello python-
hello python
```

注意

结果中第一个“hello python”前后各有一个空格。

ljust() 方法用于使字符串左对齐，并使用指定字符填充字符串右侧。其语法格式如下。

```
str.ljust(width[,fillchar])
```

该方法同样包含两个参数，width 参数表示要扩充的长度，fillchar 参数表示要填充的字符，参数作用与 center() 方法中的是相同的。下面，我们通过示例来看一下字符串左对齐的效果。

```
#长度为14，不指定填充字符，字符串后由两个空格字符来填充
print("hello python".ljust(14))
#长度为13，指定填充字符，字符串后填充一个“-”字符
print("hello python".ljust(13,"-"))
#长度为8，不足原字符串长度，因此输出原字符串
print("hello python".ljust(8,"-"))
```

运行程序，分别输出如下结果。

```
hello python
```

```
hello python-
hello python
```

> **注意**
>
> 结果中第一个“hello python”后有两个空格字符。

字符串对象的 rjust() 方法用于使字符串进行右对齐，并使用指定字符填充字符串左侧。其语法格式如下。

```
str.rjust(width[,fillchar])
```

rjust() 方法刚好与 ljust() 方法相反。参数 width 表示要扩充的长度，fillchar 参数表示要填充的字符。下面，我们直接通过示例来看一下字符串右对齐的效果。

```
#长度为14，不指定填充字符，字符串前由两个空格字符来填充
print("hello python".rjust(14))
#长度为13，指定填充字符，字符串前填充一个“-”字符
print("hello python".rjust(13,"-"))
#长度为8，不足原字符串长度，输出原字符串
print("hello python".rjust(8,"-"))
```

运行程序，分别输出如下结果。

```
  hello python
-hello python
hello python
```

> **注意**
>
> 结果中第一个“hello python”前有两个空格字符。

字符串对象的 zfill() 方法与前面的 3 个方法的功能有些类似，但实现结构上还是有一些区别的。zfill() 方法用于使字符串右对齐，并在字符串左侧以字符“0”进行填充。其语法格式如下。

```
str.zfill(width)
```

该方法只有一个 width 参数，因为指定长度的字符串空缺处默认会以字符“0”进行填充，所以无须让开发人员来设置填充字符。

通过 zfill() 方法我们可以解决一些实际问题。例如，当我们试图对一个字符串类型的数字列表进行升序排列时，若实际上排列的结果并非我们想要的结果，就需要通过一些特殊手段来解决这个问题。代码如下。

```
name=["1","22","11","6","3"]       #定义字符串类型的数字列表
name.sort()                        #进行一次排序（默认升序）
print(name)                        #排序后输出列表
for index,val in enumerate(name):#循环列表元素
#对每个元素进行更改，字符长度改为3，前面用字符"0"填充
    name[index]=val.zfill(3)
name.sort()                        #再次进行排序（默认升序）
print(name)                        #输出更改后的数字列表
```

运行程序，在未修改数值之前，经过一次排序，得到的是不理想的排序结果，而通过 zfill() 方法进行字符串对齐填充后，得到的排序结果才是我们预想中的结果。

输出结果如下。

```
['1', '11', '22', '3', '6']
['001', '003', '006', '011', '022']
```

8.5.2 其他常用方法

Python 的字符串对象还有很多方法可以使用，包括一些与前面所学习过的具有相同功能的方法。例如，rindex() 方法与 index() 方法的功能相同，只不过 rindex() 方法从右侧开始查找。所以，还有其他多个类似的方法。下面，我们学习一下字符串对象中其他方法的定义与用法。

1. isdecimal() 方法、isdigit() 方法以及 isnumeric() 方法

isdecimal()、isdigit() 以及 isnumeric() 这 3 个方法看上去都用于验证字符串是不是数字字符串，例如，对于数字 1，这 3 个方法的返回结果都为 True。然而，实际上，这 3 个方法还是有一定区别的，它们对不同字符集进行验证。首先，看一下这 3 个方法的语法格式。

```
str.isdecimal()
str.isdigit()
str.isnumeric()
```

然后，看一下这 3 个方法官方的具体定义。

- isdecimal() 方法：如果字符串中只有十进制字符，则返回 True；否则，返回 False。
- isdigit() 方法：如果字符串中的所有字符都是数字，并且在字符串中至少有一个字符，则返回 True；否则，返回 False。
- isnumeric() 方法：如果字符串中只有数字字符，则返回 True；否则，返回 False。

如果按照官方定义来看，这 3 个方法的实际作用并不很好区分，所以在举出示例之前，先看一下这 3 个方法的作用范围。

对于 Unicode 数字、全角数字（双字节），isdecimal() 方法返回 True；对于罗马数字、汉字数字、小数，它返回 False。该方法不会产生错误。

对于 Unicode 数字、byte 数字（单字节）、全角数字（双字节），isdigit() 方法返回 True；对于汉字数字、罗马数字、小数，它返回 False。该方法不会产生错误。

对于 Unicode 数字、全角数字（双字节）、罗马数字、汉字数字，isnumeric() 方法返回 True；对于小数，它返回 False。该方法会导致 byte 数字（单字节）的错误。

接下来，我们会通过示例，验证这 3 个方法的功能描述与定义。

```
s1='12345'            #定义纯数字
print(s1.isdigit())   #输出"True"
print(s1.isdecimal())#输出"True"
print(s1.isnumeric())#输出"True"
s2='一二三四五'        #定义中文数字
print(s2.isdigit())   #输出"False"
print(s2.isdecimal())#输出"False"
print(s2.isnumeric())#输出"True"
s3='壹贰叁肆伍'        #定义中文数字
print(s3.isdigit())   #输出"False"
print(s3.isdecimal())#输出"False"
print(s3.isnumeric())#输出"True"
s4='ⅠⅡⅢⅣⅤ'        #定义罗马数字
print(s4.isdigit())   #输出"False"
print(s4.isdecimal())#输出"False"
print(s4.isnumeric())#输出"True"
s5='3.14'             #定义小数
print(s5.isdigit())   #输出"False"
print(s5.isdecimal())#输出"False"
print(s5.isnumeric())#输出"False"
s6=b'123'             #定义单字节数字
print(s6.isdigit())   #输出"True"
#print(s6.isdecimal())#发生错误
#print(s6.isnumeric())#发生错误
```

2. istitle() 方法、isupper() 方法以及 islower() 方法

在前面的学习中，我们使用 title() 方法、upper() 方法和 lower() 方法进行了字母的大小写转换，而 istitle() 方法、isupper() 方法以及 islower() 方法用于对转换后的结果进行验证。下面我们来看一下这 3 个方法的语法格式。

```
str.istitle()
str.isupper()
str.islower()
```

这 3 个方法都不含任何参数，只对字符串对象的内容进行验证，返回结果为 True 或者 False。

istitle() 方法用于检测字符串中每一个单词的首字母是否大写，且其他字母小写。

isupper() 方法用于检测字符串中所有字母是否都大写。

islower() 方法用于检测字符串中所有字母是否都小写。

接下来，我们通过定义几组不同的字符串，验证这 3 个方法的功能。

```
#定义字符串
strTitle1="Return True if the string is a title-cased string, False otherwise.";
#定义各单词首字母大写的字符串
trTitle2="Return True If The String Is A Title-Cased String, False Otherwise.";
print(strTitle1.istitle())                        #输出"False"
print(strTitle2.istitle())                        #输出"True"
strUpper1="Return True if the string is an uppercase string, False otherw
ise."#定义字符串
strUpper2="RETURN TRUE IF THE STRING IS AN UPPERCASE STRING, FALSE OTHERW
ISE."#定义全大写字母的字符串
print(strUpper1.isupper())                        #输出"False"
print(strUpper2.isupper())                        #输出"True"
strLower1="Return True if the string is a lowercase string, False
otherwise." #定义字符串
strLower2=strLower1.lower()                       #将strLower1转换成小写
print(strLower1.islower())                        #输出"False"
print(strLower2.islower())                        #输出"True"
```

第 9 章

列　表

Python 中的列表和音乐列表类似，也是由一系列按特定顺序排列的元素组成的。它是 Python 中内置的可变序列。在形式上，列表的所有元素都放在一对方括号“[ ]”中，两个相邻元素间使用逗号“,”分隔。在内容上，可以将整数、实数、字符串、列表、元组等任何类型的内容放入列表，并且在同一个列表中，元素的类型可以不同，因为它们之间没有任何关系。由此可见，Python 中的列表是非常灵活的，这一点与其他语言是不同的。

9.1　认识列表

在 Python 中，列表是很常见的，也是使用较多的序列。

在 Python 中，将列表的内容输出也比较简单，可以直接使用 print() 函数。例如，要输出 untitle 列表，可以使用下面的代码。

```
untitle=['Python',28,"人生苦短，我用 Python",["爬虫","自动化运维","云计算",
"Web开发"]]
print(untitle)
```

运行结果如下。

```
['Python', 28, '人生苦短，我用Python', ['爬虫', '自动化运维', '云计算', 'Web开发']]
```

从上面的运行结果中可以看出，在输出列表时，是包括左右两侧的方括号的。如果不想输出列表全部的元素，也可以通过列表的索引获取指定的元素。例如，要获取列表 untitle 中索引为 2 的元素，可以使用下面的代码。

```
print(untitle[2])
```

运行结果如下。

```
人生苦短，我用Python
```

从上面的运行结果中可以看出，在输出单个列表元素时，不包括方括号，如果输出字符串，不包括左右的引号。

9.2　创建列表

Python 提供了多种创建列表的方法，下面分别进行介绍。

9.2.1　使用赋值运算符直接创建列表

同其他类型的 Python 变量一样，在创建列表时，也可以使用赋值运算符“=”直接将一个列表赋值给变量，具体的语法格式如下。

```
listname=[element 1,element 2,element 3,…,element n]
```

其中，listname 表示列表的名称，可以是任何符合 Python 命名规则的标识符；“element 1、element 2、element 3、element n”表示列表中的元素，个数没有限制，并且只要是 Python 支持的数据类型就可以。

例如，下面定义的列表都是合法的。

```
num=[7,14,21,28,35,42,49,56,63]
verse=["A队","B队","C队","D队"]
untitle=['Python',28,"人生苦短，我用Python",["爬虫","自动化运维","云计算",
        "Web开发"]]
python=['优雅',"明确",''' 简单''' ]
```

> **说明**
>
> 在使用列表时，虽然可以将不同类型的数据放入同一个列表中，但是通常情况下，我们不会这样做，而在一个列表中只放入一种类型的数据，这样可以提高程序的可读性。

通过“=”符号定义二维列表，示例代码如下。

```
# 定义二维列表
untitle=['Python',20,'人生苦短，我用Python',['爬虫','自动化运维','云计算',
        'Web开发']]
print('untitle列表内容：',untitle)
```

运行结果如下。

```
untitle列表内容: ['Python', 28, '人生苦短，我用Python', ['爬虫', '自动化运维',
'云计算', 'Web开发']]
```

通过列表推导式生成不同形式的列表，并且使用“=”赋给相应变量，代码如下。

```
list1=[i for i in range(10)] # 创建整数0 ~ 9的数字列表
print(list1)
list2=[i for i in range(10,100,10)] # 创建整数10 ~ 99的整十数列表
print(list2)
import random
# 创建10个4位数的随机数列表
list3=[random.randint(1000,10000) for i in range(10) ]
print(list3)
list4=[i for i in '壹贰叁肆伍']  # 将字符串转换为列表
print(list4)
# 生成所有单词的首字母列表
list5=[i[0] for i in ['Early','bird','gets','the','worm']]
print(list5)
# 将原列表中的数字折半后生成新的列表
list6=[int(i*0.5) for i in [1200,5608,4314,6060,5210]]
print(list6)
list7=[i for i in ('Early','bird','gets','the','worm')]  # 通过元组生成新的列表
print(list7)
# 生成新的列表
list8=[key for key in {'qq':'84978981','mr':'84978982','wgh':'84978980'}]
print(list8)
list9=[key for key in {1,3,5,7,9}] # 通过集合生成有序列表
print(list9)
```

运行结果如下。

```
[0, 1, 2, 3, 4, 5, 6, 7, 8, 9]
[10, 20, 30, 40, 50, 60, 70, 80, 90]
[1190, 4535, 8511, 2654, 9169, 5323, 4599, 4075, 4185, 4060]
['壹', '贰', '叁', '肆', '伍']
['E', 'b', 'g', 't', 'w']
[600, 2804, 2157, 3030, 2605]
['Early', 'bird', 'gets', 'the', 'worm']
['qq', 'mr', 'wgh']
[1, 3, 5, 7, 9]
```

9.2.2 使用 list() 函数创建列表

在 Python 中，数字列表很常用。例如，在考试系统中记录学生的成绩，或者在游戏中记录每个角色的位置、各个玩家的得分情况等都可用数字列表实现。在 Python 中，可以使用 list() 函数直接将 range() 函数循环出来的结果转换为列表。

list() 函数的基本语法如下。

```
list(data)
```

其中，data 表示可以转换为列表的数据，其类型可以是 range 对象、字符串、元组或者其他可迭代类型。

例如，要创建 10 ~ 19 的所有偶数的一个列表，可以使用下面的代码。

```
list(range(10, 20, 2))
```

运行上面的代码，将得到下面的列表。

```
[10, 12, 14, 16, 18]
```

说明

在使用 list() 函数时，不仅能通过 range 对象创建列表，还可以通过其他对象创建列表。

在 Python 中，也可以创建空列表。例如，要创建一个名称为 emptylist 的空列表，可以使用下面的代码。

```
emptylist=[]
```

9.2.3 遍历列表

遍历列表是一种常用的操作，在遍历的过程中可以实现查询、处理等功能。在生活中，如果想要去商场买一件衣服，就需要在商场中逛一遍，看是否有想要的衣服，逛商场的过程就相当于列表的遍历操作。在 Python 中遍历列表的方法有多种。下面介绍两种常用的方法。

1. 直接使用 for 循环实现

直接使用 for 循环遍历列表，只能输出元素的值。它的语法格式如下。

```
for item in listname:
    # 输出 item
```

其中，item 用于保存获取的元素值，当要输出元素内容时，直接输出该变量即可；listname 表示列表名称。

例如，要定义一个保存 2018 年俄罗斯世界杯四强的列表，然后通过 for 循环遍历该列表，并输出各个队的国家名称，代码如下。

```
print("2018 年俄罗斯世界杯四强：")
team=["法国","比利时","英格兰","克罗地亚"]
for item in team:
    print(item)
```

运行上面的代码，将显示图 9.1 所示的结果。

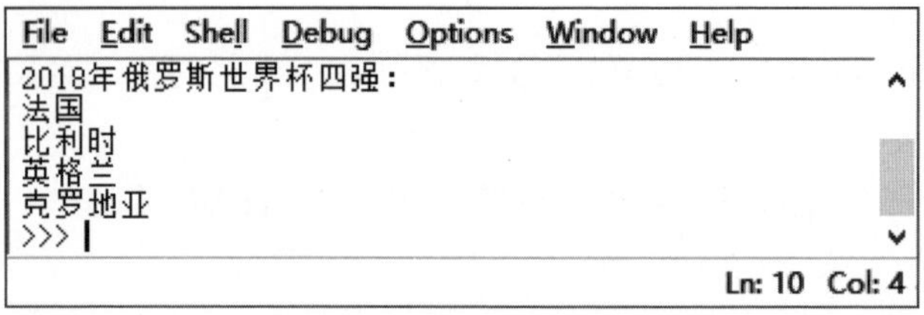

图 9.1 通过 for 循环遍历列表的结果

2. 使用 for 循环和 enumerate() 函数实现

使用 for 循环和 enumerate() 函数可以实现同时输出索引和元素内容的功能。具体的语法格式如下。

```
for index,item in enumerate(listname):
    # 输出 index 和 item
```

参数说明如下。

- index：用于保存元素的索引。
- item：用于保存获取的元素值，当要输出元素内容时，直接输出该变量即可。
- listname：列表名称。

例如，要定义一个保存 2018 年俄罗斯世界杯四强的列表，然后通过 for 循环和 enumerate() 函数遍历该列表，并输出索引和球队的国家名称，代码如下。

```
print("2018 年俄罗斯世界杯四强：")
team=["法国","比利时","英格兰","克罗地亚"]
for index,item in enumerate(team):
    print(index+1,item)
```

运行上面的代码，将显示下面的结果。

```
2018 年俄罗斯世界杯四强：
1 法国
2 比利时
3 英格兰
4 克罗地亚
```

9.3 添加与删除列表

9.3.1 使用 append() 方法添加列表

列表对象的 append() 方法用于向列表的末尾追加元素。其语法格式如下。

```
listname.append(obj)
```

参数说明如下。

- listname：表示要添加元素的列表名称。
- obj：表示要添加到列表末尾的对象。

先定义一个包括 5 个元素的列表，然后应用 append() 方法向该列表的末尾再添加一个元素，示例代码如下。

```
building=['醉翁亭','放鹤亭','喜雨亭','陶然亭','爱晚亭'] # 原列表
print('原列表:', building)                          # 输出原列表
building.append('湖心亭')                           # 向列表的末尾添加元素
print('添加元素后的列表:', building)                 # 输出添加元素后的列表
```

运行结果如下。

```
原列表: ['醉翁亭', '放鹤亭', '喜雨亭', '陶然亭', '爱晚亭']
添加元素后的列表: ['醉翁亭', '放鹤亭', '喜雨亭', '陶然亭', '爱晚亭', '湖心亭']
```

使用 append() 方法向列表末尾添加的元素的类型可以与原列表中元素的类型不同。示例代码如下。

```
building=['刀','枪','剑','戟']
print('原列表:', building)
building.append(['scoop', 50])  # 向列表中添加列表类型的元素
print('添加列表类型元素后的新列表:', building)
building.append((100, 200))     # 向列表中添加元组类型的元素
print('添加元组类型元素后的新列表:', building)
building.append(9)              # 向列表中添加数字类型的元素
print('添加数值类型元素后的新列表:', building)
```

运行结果如下。

```
原列表: ['刀', '枪', '剑', '戟']
添加列表类型元素后的新列表: ['刀', '枪', '剑', '戟', ['scoop', 50]]
添加元组类型元素后的新列表: ['刀', '枪', '剑', '戟', ['scoop', 50], (100, 200)]
添加数字类型元素后的新列表: ['刀', '枪', '剑', '戟', ['scoop', 50], (100, 200), 9]
```

要将 txt 文件中的信息添加至列表中，首先需要以读取文件的方式打开目标文件，然后遍历文件中每行内容，示例代码如下。

```
result=[]      # 保存每行数据
print('txt文件内信息如下：')
# 以读取模式打开txt文件
with open('user-name.txt','r') as f:
    for line in f:        # 遍历文件中每行内容
        print(line.strip('\n'))
        result.append(line.strip('\n'))     # 将txt文件中每行内容添加至列表中
print('提取后的信息:',result)                 # 输出提取后的信息
```

运行结果如下。

```
txt文件内信息如下:
zhangsan77421
lisi88548
wangqi2654
wangxiaoer400
wangsinan333
zhangjing111
提取后的信息: ['zhangsan77421', 'lisi88548', 'wangqi2654', 'wangxiaoer400',
'wangsinan333', 'zhangjing111']
```

9.3.2 使用 insert() 方法向列表的指定位置插入元素

如果要向列表的指定位置插入元素，可以使用列表对象的 insert() 方法。其语法格式如下。

```
listname.insert(index,obj)
```

参数说明如下。

- listname：表示原列表。
- index：表示对象 obj 需要插入的索引。
- obj：表示要插入列表中的对象。

先定义一个包括 5 个元素的列表，然后应用 insert() 方法向该列表的第 2 个位置添加一个元素，示例代码如下。

```
building=['北京','长安','洛阳','金陵','汴梁']  # 定义原列表
print('原列表:', building)
building.insert(1, '杭州')                    # 向原列表的第2个位置添加元素
print('新列表:', building)
```

运行结果如下。

```
原列表: ['北京', '长安', '洛阳', '金陵', '汴梁']
新列表: ['北京', '杭州', '长安', '洛阳', '金陵', '汴梁']
```

9.3.3　使用 extend() 方法将序列的全部元素添加到列表中

extend() 方法用于向列表中添加一个元素，可用于将一个序列中的全部元素添加到列表中。其语法格式如下。

```
listname.extend(seq)
```

参数说明如下。

- listname：表示要添加元素的列表名称。
- seq：表示要添加的序列。语句执行后，seq 中的内容将添加到 listname 的后面。

先定义一个包括两个元素的、名为 color 的列表，然后应用 extend() 方法将另外 3 个序列中的元素添加到 color 列表的末尾，示例代码如下。

```
color=['红','橙']              # 定义原列表
print('原列表:', color)
color.extend(['黄','绿'])     #将列表['黄','绿']中的元素全部添加到color列表的末尾
print('添加列表元素:', color)
color.extend(('青','蓝'))     #将元组('青','蓝')中的元素全部添加到color列表的末尾
print('添加元组元素:', color)
color.extend('紫黑白')        #将字符串'紫黑白'中的元素全部添加到color列表的末尾
print('添加字符串元素:', color)
```

运行结果如下。

```
原列表: ['红', '橙']
添加列表元素: ['红', '橙', '黄', '绿']
添加元组元素: ['红', '橙', '黄', '绿', '青', '蓝']
添加字符串元素: ['红', '橙', '黄', '绿', '青', '蓝', '紫', '黑', '白']
```

9.3.4　使用 copy() 方法复制列表中的所有元素到新列表

Python 提供了 copy() 方法，使用该方法可以复制某一列表中的所有元素并生成一个新列表。其语法格式如下。

```
listname.copy()
```

参数 listname 表示列表的名称。

先定义一个保存影视类奖项名称的列表，然后应用 copy() 方法将列表中的所有元素复制到新列表中，示例代码如下。

```
old=['金鹰奖','百花奖','飞天奖','白玉兰奖','华表奖','金鸡奖']   # 原列表
print('原列表: ', old)
new=old.copy()          # 将原列表的所有元素复制到新列表中
print('新列表:', new)
```

运行结果如下。

```
原列表: ['金鹰奖', '百花奖', '飞天奖', '白玉兰奖', '华表奖', '金鸡奖']
新列表: ['金鹰奖', '百花奖', '飞天奖', '白玉兰奖', '华表奖', '金鸡奖']
```

对于混合类型的列表，也可以应用 copy() 方法将列表中的所有元素复制到新列表中，示例代码如下。

```
old=['great',54345,['?',68],(21,'加油'),'努力']        # 原列表
print('原列表:', old)
new = old.copy()                                        # 将原列表的所有元素复制到新列表中
print('新列表:', new)
```

运行结果如下。

```
原列表: ['great', 54345, ['?', 68], (21, '加油'), '努力']
新列表: ['great', 54345, ['?', 68], (21, '加油'), '努力']
```

9.3.5 使用 remove() 方法删除列表中的指定元素

使用 remove() 方法可以删除列表中的指定元素。其语法格式如下。

```
listname.remove(obj)
```

参数说明如下。

- listname：表示列表的名称。
- obj：表示列表中要移除的对象，这里只能进行精确匹配，即不能是元素值的一部分。

先创建一个列表，然后应用列表对象的 remove() 方法删除列表中指定的元素，示例代码如下。

```
# 原列表
movie=[9, ('疯狂原始人','功夫熊猫',9), ['海底总动员',9,'超能陆战队'], 9, '里约
大冒险']
print('删除前的列表:', movie)
movie.remove(9)                                        # 删除列表中的"9"
print('删除后的列表:', movie)
# 删除列表中的"('疯狂原始人','功夫熊猫',9)"
movie.remove(('疯狂原始人','功夫熊猫',9))
print('删除后的列表:', movie)
```

运行结果如下。

```
删除前的列表: [9, ('疯狂原始人', '功夫熊猫', 9), ['海底总动员', 9, '超能陆战队'],
9, '里约大冒险']
删除后的列表: [('疯狂原始人', '功夫熊猫', 9), ['海底总动员', 9, '超能陆战队'],
9, '里约大冒险']
删除后的列表: [['海底总动员', 9, '超能陆战队'], 9, '里约大冒险']
```

> 💡 说明
>
> 在上述示例中，列表中含有两个数字元素 9，在使用 remove() 方法删除元素时会默认删除第一次出现的数字元素 9。

先创建一个数字列表，然后应用列表对象的 remove() 方法删除列表中指定的数字元素，示例代码如下。

```
int_list=[1,3,5,0,4,4,1,7,9,9,6]        # 模拟手机号码
print('删除前的列表:',int_list)
int_list.remove(1)                      # 删除数值元素1
print('删除后的列表:',int_list)
```

运行结果如下。

```
删除前的列表: [1, 3, 5, 0, 4, 4, 1, 7, 9, 9, 6]
删除后的列表: [3, 5, 0, 4, 4, 1, 7, 9, 9, 6]
```

9.3.6 使用 pop() 方法删除列表中的元素

在列表中，可以使用 pop() 方法删除列表中的一个元素（默认为最后一个元素）。其语法格式如下。

```
listname.pop(index)
```

参数及返回值说明如下。

- listname：表示列表的名称。
- index：列表中元素的索引，必须是整数；如果不写，默认 index = -1。
- 返回值：被删除的元素的值。

定义一个保存 8 个元素的列表，删除最后一个元素，示例代码如下。

```
city=['里约热内卢','伦敦','北京','雅典','悉尼','亚特兰大','巴塞罗那','首尔']
# 原列表
delete=city.pop()         # 删除列表的最后一个元素
print('删除的元素:', delete)
print('删除最后一个元素后的列表:', city)
```

运行结果如下。

```
删除的元素: 首尔
删除最后一个元素后的列表: ['里约热内卢', '伦敦', '北京', '雅典', '悉尼', '亚特兰
大', '巴塞罗那']
```

定义一个保存 4 个元素的列表，删除第 2 个元素，示例代码如下。

```
building=['岳阳楼','黄鹤楼','鹳雀楼','望湖楼'] # 原列表
delete=building.pop(1)        # 删除列表的第2个元素，将删除的元素返回给delete
```

```
print('删除的元素:', delete)
print('删除第2个元素后的列表:', building)
```

运行结果如下。

```
删除的元素: 黄鹤楼
删除第2个元素后的列表: ['岳阳楼', '鹳雀楼', '望湖楼']
```

9.3.7 使用 clear() 方法删除列表中的所有元素

使用 clear() 方法可以删除列表中的所有元素。其语法格式如下。

```
listname.clear()
```

参数 listname 表示列表的名称。

先创建一个列表，内容为水中的鱼类，然后应用列表对象的 clear() 方法删除列表中的所有元素，示例代码如下。

```
# 原列表
fish=['鲸', '鲨鱼', '刀鱼', '鲶鱼', '剑鱼', '章鱼', '鱿鱼', '鲤鱼']
print('清空前的列表:', fish)
fish.clear()    # 删除列表中的所有元素
print('清空后的列表:', fish)
```

运行结果如下。

```
清空前的列表: ['鲸', '鲨鱼', '刀鱼', '鲶鱼', '剑鱼', '章鱼', '鱿鱼', '鲤鱼']
清空后的列表: []
```

先创建一个二维列表，然后应用列表对象的 clear() 方法删除二维列表中的所有元素，示例代码如下。

```
# 定义二维列表
untitle=['Python',28,'人生苦短，我用Python',['爬虫','自动化运维','云计算',
'Web开发']]
print('清空前的二维列表: ',untitle)
untitle.clear()                    # 删除二维列表中的所有元素
print('清空后的二维列表: ',untitle)
```

运行结果如下。

```
清空前的二维列表: ['Python', 28, '人生苦短，我用Python', ['爬虫', '自动化运维',
'云计算', 'Web开发']]
清空后的二维列表: []
```

9.4　查询列表

9.4.1　获取指定元素首次出现的索引

使用列表对象的 index() 方法可以获取指定元素在列表中首次出现的索引。其语法格式如下。

```
listname.index(obj)
```

参数及返回值说明如下。

- listname：表示列表的名称。
- obj：表示要查找的对象。
- 返回值：首次出现的索引，如果没有找到，将抛出异常。

先创建一个列表，然后用列表对象的 index() 方法获取元素“纳达尔”首次出现的索引，示例代码如下。

```
champion=['费德勒','德约科维奇','纳达尔','穆雷','瓦林卡','西里奇']    # 原列表
# 用index()方法获取列表中"纳达尔"首次出现的索引，将结果赋给position
position=champion.index('纳达尔')
print('纳达尔首次出现的位置的索引：', position)
```

运行结果如下。

```
纳达尔首次出现的位置的索引：2
```

先创建一个混合类型元素的列表，然后应用列表对象的 index() 方法获取指定元素出现的索引，示例代码如下。

```
city=['杭州',('扬州',4,'苏州'),[16,'株洲','徐州'],32,'郑州']    # 原列表
# 用index()方法获取列表中指定元素首次出现的索引，将结果赋给position
position=city.index(('扬州',4,'苏州'))
print('指定元素首次出现位置的索引：', position)
```

运行结果如下。

```
指定元素首次出现位置的索引：1
```

9.4.2　获取指定元素出现的次数

使用列表对象的 count() 方法可以获取指定元素在列表中出现的次数。其语法格式如下。

```
listname.count(obj)
```

参数及返回值说明如下。

- listname：表示列表的名称。

- obj：表示要获取的对象。
- 返回值：元素在列表中出现的次数。

创建一个列表，应用列表对象的 count() 方法获取元素“乒乓球”出现的次数，示例代码如下。

```
play=['乒乓球','跳水','女排','举重','射击','体操','乒乓球']      # 原列表
# 用 count() 方法统计列表中"乒乓球"出现的次数，将结果赋给 num
num=play.count('乒乓球')
print('乒乓球出现的次数:', num)
```

运行结果如下。

```
乒乓球出现的次数: 2
```

如果对混合类型的列表 [99,['刘备',99,'袁绍'],(99,'孙权','刘表'),'曹操',99]，应用列表对象的 count() 方法判断元素“99”出现的次数时，将只统计列表中数字类型的元素，出现在列表类型元素或元组类型元素里的“99”将不被计数，示例代码如下。

```
monkey=[99,['刘备',99,'袁绍'],(99,'孙权','刘表'),'曹操',99]      # 原列表
num=monkey.count(99)   # 用 count() 方法获取列表中"99"出现的次数，将结果赋给 num
print('99出现的次数:', num)
```

运行结果如下。

```
99出现的次数: 2
```

9.4.3 判断列表元素是否存在

关键字 in 主要用于判断特定的值在列表中是否存在。如果列表中存在要查找的元素，则返回 True；否则，返回 False。其语法格式如下。

```
if 'A' in list:
```

参数及返回值说明如下。

- ‘A’：表示需要在列表中查找的元素值。
- list：表示在其中查找目标的列表名称。
- 返回值：若在列表中找到对应的元素，将返回 True；否则，返回 False。

通过关键字 in，判断列表中是否存在指定字符，示例代码如下。

```
list1=['A','B','C','D','E','F','G']     # 定义字符列表
if 'A' in list1:                        # 判断列表中是否存在字符A
    print('判断结果: ','A'in list1)      # 输出判断结果
```

运行结果如下。

```
判断结果：True
```

9.4.4　判断列表元素是否不存在

not in 是 not 和 in 两个关键字的组合，主要用于判断特定的值在列表中是否不存在。若不存在，返回 True；否则，返回 False。其语法格式如下。

```
if 'A' not in list:
```

参数及返回值说明如下。

- 'A'：表示需要在列表中查找的元素值。
- list：表示在其中查找目标的列表名称。
- 返回值：若在列表中未找到对应的元素，将返回 True；否则，返回 False。

先定义一个数字列表，然后使用 not in 判断数字列表中是否不存在某个数字，示例代码如下。

```
list2=[1,2,3,4,5,6,7,8,9]                # 定义数字列表
if 0 not in list2:                       # 判断列表中是否不存在数字0
    print('判断结果:',0 not in list2)    # 输出判断结果
```

运行结果如下。

```
判断结果：True
```

9.5　列表排序

9.5.1　使用 sort() 方法对列表元素排序

列表对象提供了 sort( ) 方法，该方法用于对原列表中的元素进行排序，排序后原列表中的元素顺序将发生变化。其语法格式如下。

```
listname.sort(key=None, reverse=False)
```

参数说明如下。

- listname：表示要进行排序的列表。
- key：表示从每个列表元素中提取一个用于比较的键（例如，设置“key=str.lower”表示在排序时不区分字母大小写）。
- reverse：表示可选参数。如果将其值指定为 True，则表示降序排列；如果将其值指定为 False，则表示升序排列。默认为升序排列。

先定义一个保存 10 名学生 Python 理论成绩的列表，然后应用 sort() 方法对其进行排序，示例代码如下。

```
grade=[98,99,97,100,100,96,94,89,95,100]      # 10 名学生 Python 理论成绩列表
print('原列表:',grade)
grade.sort()                                  # 进行升序排列
print('升  序:',grade)
grade.sort(reverse=True)                      # 进行降序排列
print('降  序:',grade)
```

运行结果如下。

```
原列表: [98, 99, 97, 100, 100, 96, 94, 89, 95, 100]
升  序: [89, 94, 95, 96, 97, 98, 99, 100, 100, 100]
降  序: [100, 100, 100, 99, 98, 97, 96, 95, 94, 89]
```

当使用 sort() 方法对列表进行排序时，采用的规则是先对大写字母排序，然后对小写字母排序。如果想要对列表进行排序（不区分大小写），需要指定其 key 参数。先定义一个保存英文字符串的列表，然后应用 sort() 方法对其进行升序排列，示例代码如下。

```
char=['cat','Tom','Angela','pet']      # 原列表
char.sort()                            # 默认区分字母大小写
print('区分字母大小写:',char)
char.sort(key=str.lower)               # 不区分字母大小写
print('不区分字母大小写:',char)
```

运行结果如下。

```
区分字母大小写: ['Angela', 'Tom', 'cat', 'pet']
不区分字母大小写: ['Angela', 'cat', 'pet', 'Tom']
```

说明

当采用 sort() 方法对列表进行排序时，对中文的支持不很好，排序的结果与我们常用的音序排序法或者笔画排序法的结果都不一致。如果需要对中文内容列表进行排序，还需要重新编写相应的方法，不能直接使用 sort() 方法。

9.5.2 使用 sorted() 函数对列表元素排序

Python 提供了一个内置的 sorted() 函数，用于对列表进行排序。使用该函数进行排序后，原列表的元素顺序不变。先定义一个保存 10 名学生 Python 理论成绩的列表，然后应用 sorted() 函数对其进行排序，示例代码如下。

```
grade=[98,99,97,100,100,96,94,89,95,100]     # 10名学生Python理论成绩列表
grade_as=sorted(grade)                       # 进行升序排列
print('升序:',grade_as)
grade_des=sorted(grade,reverse = True)       # 进行降序排列
print('降序:',grade_des)
print('原序列:',grade)
```

运行结果如下。

```
升序: [89, 94, 95, 96, 97, 98, 99, 100, 100, 100]
降序: [100, 100, 100, 99, 98, 97, 96, 95, 94, 89]
原序列: [98, 99, 97, 100, 100, 96, 94, 89, 95, 100]
```

注意

列表对象的 sort() 方法和内置 sorted() 函数的作用基本相同。不同的就是使用 sort() 方法时，会改变原列表的元素排列顺序，而使用 storted() 函数时，会建立一个原列表的副本，该副本为排序后的列表。

说明

关于 sorted() 函数的详细用法，可以查看 7.2.6 节。

9.5.3 使用 reverse() 方法反转列表

列表对象提供了 reverse() 方法，使用该方法可以对列表中的所有元素进行反转。其语法格式如下。

```
listname.reverse()
```

参数 listname 表示列表的名称。

先定义一个含有 5 个元素的列表，然后应用 reverse() 方法对原列表中的所有元素进行反转，示例代码如下。

```
num=['一','二','三','四','五']
print('原列表:', num)
num.reverse()                  # 反转列表中的所有元素
print('新列表:', num)
```

运行结果如下。

```
原列表: ['一', '二', '三', '四', '五']
新列表: ['五', '四', '三', '二', '一']
```

对于混合类型的列表，也可以应用 reverse() 方法对原列表中的所有元素进行反转，示例代码如下。

```
num=[1,'二',['Ⅲ',4],(5,'⑥')]
print('原列表:', num)
num.reverse()            # 反转列表中的所有元素
print('新列表:', num)
```

运行结果如下。

```
原列表: [1, '二', ['Ⅲ', 4], (5, '⑥')]
新列表: [(5, '⑥'), ['Ⅲ', 4], '二', 1]
```

9.6 列表推导式

使用列表推导式可以快速生成一个列表，或者根据某个列表生成满足指定需求的列表。本节介绍列表推导式常用的语法格式。

要生成指定范围的数字列表，语法格式如下。

```
list=[Expression for var in range]
```

参数说明如下。

- list：表示生成的列表的名称。
- Expression：表示表达式，用于计算新列表的元素。
- var：表示循环变量。
- range：表示采用 range() 函数生成的 range 对象。

例如，要生成一个包括 10 个随机数的列表，要求数的范围为 10 ~ 100，具体代码如下。

```
import random    # 导入random标准库
randomnumber=[random.randint(10,100) for i in range(10)]
print("生成的随机数:",randomnumber)
```

运行结果如下。

```
生成的随机数: [38, 12, 28, 26, 58, 67, 100, 41, 97, 15]
```

要根据列表生成指定需求的列表，语法格式如下。

```
newlist=[Expression for var in list]
```

参数说明如下。

- newlist：表示新生成的列表的名称。

- Expression：表示表达式，用于计算新列表的元素。
- var：表示变量，值为后面列表的每个元素值。
- list：表示用于生成新列表的原列表。

例如，先定义一个记录商品价格的列表，然后应用列表推导式生成一个将全部商品价格打五折的列表，具体代码如下。

```
price=[1200,5330,2988,6200,1998,8888]
sale=[int(x*0.5) for x in price]
print("原价格:",price)
print("打五折的价格:",sale)
```

运行结果如下。

```
原价格：[1200, 5330, 2988, 6200, 1998, 8888]
打五折的价格：[600, 2665, 1494, 3100, 999, 4444]
```

要从列表中选择符合条件的元素并组成新的列表，语法格式如下。

```
newlist=[Expression for var in list if condition]
```

参数说明如下。

- newlist：表示新生成的列表的名称。
- Expression：表示表达式，用于计算新列表的元素。
- var：表示变量，值为后面列表的每个元素值。
- list：表示用于生成新列表的原列表。
- condition：表示条件表达式，用于指定筛选条件。

例如，先定义一个记录商品价格的列表，然后应用列表推导式为价格高于 5000 元的商品生成一个列表，具体代码如下。

```
price=[1200,5330,2988,6200,1998,8888]
sale=[x for x in price if x>5000]
print("原列表:",price)
print("价格高于5000元的:",sale)
```

运行结果如下。

```
原列表：[1200, 5330, 2988, 6200, 1998, 8888]
价格高于5000元的：[5330, 6200, 8888]
```

第 10 章

字典与集合

10.1 字典

10.1.1 字典的创建和删除

在定义字典时，每个元素都包含两部分，即“键”和“值”。以水果名称和价格的字典为例，键为水果名称，值为水果价格，如图 10.1 所示。

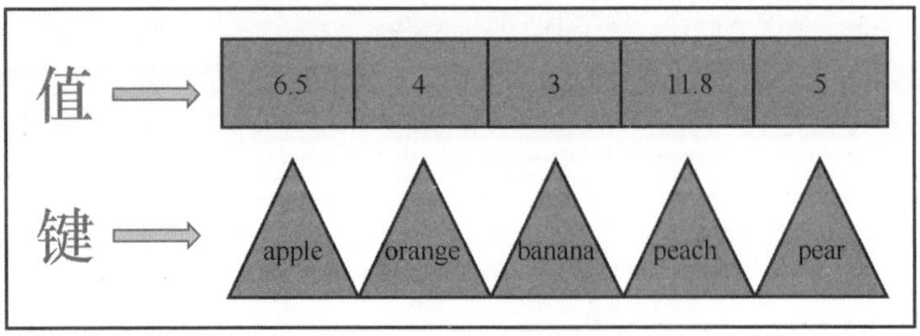

图 10.1 水果名称和价格的字典

在创建字典时，在键和值之间使用冒号分隔，相邻两个元素之间使用逗号分隔，所有元素放在一对花括号中。其语法格式如下。

```
dictionary={'key1':'value1', 'key2':'value2', …, 'keyn':'valuen',}
```

参数说明如下。

- dictionary：表示字典名称。
- key1,key2,…,keyn：表示元素的键，必须是唯一的，并且不可变，可以是字符串、数字或者元组。

- value1,value2,…,valuen：表示元素的值，可以是任何数据类型，不是必须唯一的。

例如，要创建一个保存通信录信息的字典，可以使用下面的代码。

```
dictionary={'qq':'8497XXXX','mr':'8497XXXX','无语':'0431-8497XXXX'}
print(dictionary)
```

运行结果如下。

```
{'qq': '84978981', 'mr': '8497XXXX', '无语': '0431-8497XXXX'}
```

同列表和元组一样，在 Python 中也可以创建空字典。使用下面两种方法创建空字典。

```
dictionary={}
```

或者

```
dictionary=dict()
```

Python 的 dict() 方法不仅可以创建一个空字典外，还可以通过已有数据快速创建字典。它主要有两种形式。

第一种形式是通过映射函数创建字典，语法格式如下。

```
dictionary=dict(zip(list1,list2))
```

参数及返回值说明如下。

- dictionary：表示字典名称。
- zip() 函数：用于将多个列表或元组对应位置的元素组合为元组，并返回包含这些内容的 zip 对象。如果想得到元组，可以使用 tuple() 函数将 zip 对象转换为元组；如果想得到列表，则可以使用 list() 函数将其转换为列表。注意，在 Python 2.x 中，zip() 函数返回的内容为包含元组的列表。
- list1：表示一个列表，用于指定要生成字典的键。
- list2：表示一个列表，用于指定要生成字典的值。
- 返回值：如果 list1 和 list2 的长度不同，则与最短的列表长度相同。

例如，定义两个各包括 3 个元素的列表，再应用 dict() 函数和 zip() 函数将两个列表转换为对应的字典，并输出该字典，代码如下。

```
name=['球员1','球员2','球员3']              # 作为键的列表
sign=['1号','2号','3号']                    # 作为值的列表
dictionary=dict(zip(name,sign))             # 转换为字典
print(dictionary)                           # 输出转换后字典
```

运行代码后，将显示图 10.2 所示的结果。

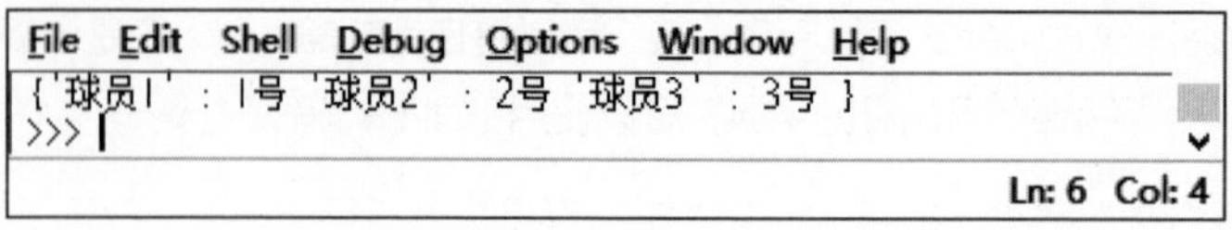

图 10.2 创建字典

第二种形式是通过给定的键值对创建字典，语法格式如下。

```
dictionary=dict(key1=value1,key2=value2,...,keyn=valuen)
```

参数说明如下。

- dictionary：表示字典名称。
- key1,key2,…,keyn：表示元素的键，必须是唯一的，并且不可变，可以是字符串、数字或者元组。
- value1,value2,…,valuen：表示元素的值，可以是任何数据类型，不必是唯一的。

例如，要通过键值对的形式为球员名字和绰号创建一个字典，可以使用下面的代码。

```
dictionary=dict(球员1='1号', 球员2='2号', 球员3='3号')
print(dictionary)
```

在 Python 中，还可以使用 dict 对象的 fromkeys() 方法创建值为空值的字典，语法格式如下。

```
dictionary=dict.fromkeys(list1)
```

参数说明如下。

- dictionary：表示字典名称。
- list1：表示作为字典的键的列表。

例如，要创建一个只包括球员名字的字典，可以使用下面的代码。

```
name_list=['球员1','球员2','球员3']          # 作为键的列表
dictionary=dict.fromkeys(name_list)
print(dictionary)
```

运行结果如下。

```
{'球员1': None, '球员2': None, '球员3': None}
```

另外，还可以通过已经存在的元组和列表创建字典。例如，要创建一个保存球员名字的元组和一个保存绰号的列表，通过它们创建一个字典，可以使用下面的代码。

```
name_tuple=('球员1','球员2', '球员3')       # 作为键的元组
sign=['1号','2号','3号']                    # 作为值的列表
dict1={name_tuple:sign}                     # 创建字典
print(dict1)
```

运行结果如下。

```
{('球员1', '球员2', '球员3'): ['1号', '2号', '3号']}
```

将作为键的元组修改为列表，再创建一个字典，代码如下。

```
name_list=['球员1','球员2', '球员3' ]    # 作为键的元组
sign=['1号','2号','3号']                  # 作为值的列表
dict1={name_list:sign}                    # 创建字典
print(dict1)
```

运行结果如图 10.3 所示。

```
Traceback (most recent call last):
  File "E:\program\Python\Code\test.py", line 16, in <module>
    dict1 = {name_list:sign}          # 创建字典
TypeError: unhashable type: 'list'
>>>
```

图 10.3　运行结果

同列表和元组一样，不再需要的字典也可以使用 del 命令删除。例如，通过下面的代码即可将已经定义的字典删除。

```
del dictionary
```

另外，如果只想删除字典的全部元素，可以使用字典对象的 clear() 方法。执行 clear() 方法后，原字典将变为空字典。下面的代码将清除字典的全部元素。

```
dictionary.clear()
```

除了使用上面介绍的方法删除字典元素外，还可以使用字典对象的 pop() 方法删除并返回指定键的元素，以及使用字典对象的 popitem() 方法删除并返回字典中的一个元素。

10.1.2　通过键值对访问字典

在 Python 中，将字典的内容输出也比较简单，可以直接使用 print() 函数。例如，要输出 10.1.1 节中创建的 dictionary 字典，可以使用下面的代码。

```
print(dictionary)
```

运行结果如下。

```
{'球员1': '球员2', '球员3': '1号', '2号': '3号'}
```

但是，在使用字典时，很少直接输出它的内容。一般需要根据指定的键得到相应的结果。在 Python 中，要访问字典的元素，可以通过索引实现。与列表和元组不同，这里的索引不是编号，而是键。例如，要获取“球员 3”的绰号，可以使用下面的代码。

```
print(dictionary['球员3'])
```

运行结果如下。

```
3号
```

在使用该方法获取指定键的值时，如果指定的键不存在，将抛出图 10.4 所示的异常。

```
Traceback (most recent call last):
  File "E:/program/Python/Code/demo.py", line 3, in <module>
    print(dictionary['5号' ])
KeyError: '5号'
```

图 10.4 获取指定的键不存在时抛出的异常

而在实际开发中，很可能我们不知道当前存在什么键，所以需要避免该异常的产生。具体的解决方法是使用 if 语句对不存在的情况进行处理，即给一个默认值。例如，可以将上面的代码修改为以下内容。

```
print("球员4的绰号:",dictionary['球员4'] if '球员4' in dictionary else
'我的字典里没有此人')
```

当“球员 4”不存在时，运行代码，将显示以下内容。

```
球员4的绰号: 我的字典里没有此人
```

另外，Python 中推荐的方法是使用字典对象的 get() 方法获取指定键的值。其语法格式如下。

```
dictionary.get(key,[default])
```

其中，dictionary 为字典对象，即要从中获取值的字典；key 为指定的键；default 为可选项，用于指定当指定的键不存在时，返回的一个默认值，如果省略，则返回 None。

例如，要通过 get() 方法获取“球员 3”的绰号，可以使用下面的代码。

```
print("球员3的绰号:",dictionary.get('球员3'))
```

运行结果如下。

```
球员3的绰号: 3号
```

说明

在获取指定键的值时，为了避免该键不存在而抛出异常，可以为 get() 方法设置默认值，这样当指定的键不存在时，得到的结果就是指定的默认值。例如，将上面的代码修改为以下内容。

```
print("球员 4 的绰号:",dictionary.get('球员 4','我的字典里没有此人'))
```

运行代码，将得到以下结果。

```
球员 4 的绰号: 我的字典里没有此人
```

10.1.3　遍历字典

字典是以键值对的形式存储数据的，所以在使用字典时需要获取这些键值对。Python 提供了遍历字典的方法，通过遍历可以获取字典中的全部键值对。

使用字典对象的 items() 方法可以获取字典的键值对列表。其语法格式如下。

```
dictionary.items()
```

其中，dictionary 为字典对象；返回值为可遍历的（键值对）的元组。要获取具体的键值对，可以通过 for 循环遍历该元组。

例如，定义一个字典，然后通过 items() 方法获取键值对的元组，并输出全部键值对，代码如下。

```
dictionary={'qq':'8497XXXX','明日科技':'8497XXXX','无语':'0431-8497XXXX'}
for item in dictionary.items():
    print(item)
```

运行结果如下。

```
('qq', '8497XXXX')
('明日科技', '8497XXXX')
('无语', '0431-8497XXXX')
```

上面的示例得到的是元组中的各个元素，如果想要获取具体的键和值，可以使用下面的代码进行遍历。

```
dictionary={'qq':'4006XXXXXX','明日科技':'0431-8497XXXX','无语':'0431-
           8497XXXX'}
for key,value in dictionary.items():
    print(key,"的联系电话是",value)
```

运行结果如下。

```
qq 的联系电话是 4006XXXXXX
明日科技 的联系电话是 0431-8497XXXX
无语 的联系电话是 0431-8497XXXX
```

说明

在 Python 中，字典对象还提供了 values() 和 keys() 方法，用于返回字典的值和键列表。它们的使用方法同 items() 方法的类似，也需要通过 for 循环遍历该字典，获取对应的值和键。

要遍历 key、value、字典项，可以使用下面的方式，它们完全等价。

```
a={'a': '1', 'b': '2', 'c': '3'}
//方式一
for key in a:
    print(key+':'+a[key])
//方式二
for key in a.keys():
    print(key+':'+a[key])
//方式三
for key,value in a.items():
        print(key+':'+value)
//方式四
for (key,value) in a.items():
    print(key+':'+value)
```

输出结果均如下。

```
a:1
b:2
c:3
```

要遍历 value，代码如下。

```
for value in a.values():
    print(value)
```

输出结果如下。

```
1
2
3
```

要遍历字典项，代码如下。

```
for kv in a.items():
    print(kv)
```

输出结果如下。

```
('a', '1')
('b', '2')
('c', '3')
```

10.1.4 添加、修改和删除字典元素

因为字典是可变序列，所以可以随时在其中添加键值对，这和列表类似。向字典中添加元素的语法

格式如下。

```
dictionary[key]=value
```

参数说明如下。

- dictionary：表示字典名称。
- key：表示要添加元素的键，必须是唯一的，并且不可变，可以是字符串、数字或者元组。
- value：表示元素的值，可以是任何数据类型，不必是唯一的。

还以保存 3 位球员的绰号为例，在创建的字典中添加一个元素，并显示添加后的字典，代码如下。

```
dictionary=dict((('球员1', '1号'),('球员2','2号'), ('球员3','3号')))
dictionary["球员4"]="4号"      # 添加一个元素
print(dictionary)
```

运行结果如下。

```
{'球员1': '1号', '球员2': '2号', '球员3': '3号', '球员4': '4号'}
```

从上面的结果中可以看出，又添加了一个键为“球员 4”的元素。

因为在字典中键必须是唯一的，所以如果新添加元素的键与已经存在的键重复，那么将使用新的值替换原来该键的值，这也相当于修改字典的元素。例如，要再添加一个键为“球员 3”的元素，这次设置他的绰号为“球员 3 号”，可以使用下面的代码。

```
dictionary =dict((('球员1', '1号'),('球员2','2号'), ('球员3','3号')))
dictionary["球员3"]="球员3号"  # 添加一个元素，当元素存在时，则相当于修改功能
print(dictionary)
```

运行结果如下。

```
{'球员1': '1号', '球员2': '2号', '球员3': '球员3号'}
```

从上面的结果可以看出，并没有添加一个新的键，而直接对“球员 3”进行了修改。

当字典中的某一个元素不需要时，可以使用 del 命令将其删除。例如，要删除键为“球员 3”的元素，可以使用下面的代码。

```
dictionary=dict((('球员1', '1号'),('球员2','2号'), ('球员3','3号')))
del dictionary["球员3"]                    # 删除一个元素
print(dictionary)
```

运行结果如下。

```
{'球员1': '1号', '球员2': '2号'}
```

从上面的执行结果中可以看到，在字典中只剩下两个元素了。

注意

当删除一个不存在的键时，将抛出图 10.5 所示的异常。

```
Traceback (most recent call last):
  File "E:\program\Python\Code\test.py", line 7, in <module>
    del dictionary['香凝1']    # 删除一个元素
KeyError: '香凝1'
>>>
```

图 10.5　删除一个不存在的键时将抛出的异常

因此，需要将上面的代码修改为以下内容，从而防止删除不存在的元素时抛出异常。

```
dictionary=dict((('球员1', '1号'),('球员2','2号'), ('球员3','3号')))
if "球员3" in dictionary:          # 如果存在
    del dictionary["球员3"]        # 删除一个元素
print(dictionary)
```

10.1.5　字典推导式

使用字典推导式可以快速生成一个字典，它的表现形式和列表推导式类似。例如，我们可以使用下面的代码生成一个包含 4 个随机数的字典，其中字典的键用数字表示。

```
import random                              # 导入random标准库
randomdict={i:random.randint(10,100) for i in range(1,5)}
print("生成的字典:",randomdict)
```

运行结果如下。

```
生成的字典: {1: 21, 2: 85, 3: 11, 4: 65}
```

10.2　集合

Python 中的集合与数学中的集合类似，也是用于保存不重复元素的。它有可变集合和不可变集合两种。本节所要介绍的集合是无序可变序列，而另一种集合在本书中不进行介绍。在形式上，集合的所有元素都放在一对花括号“{}”中，相邻元素使用逗号“,”分隔。集合最好的应用就是去重，因为集合中的每个元素都是唯一的。

说明

在数学中，集合的定义是把一些能够确定的不同的对象看成一个整体，而这个整体就是由这些对象构成的集合。集合通常用花括号“{}”或者大写的拉丁字母表示。

集合常用的操作就是创建集合，以及集合的添加、删除、交集、并集和差集等。

10.2.1 集合的创建

Python 提供了两种创建集合的方法：一种是直接使用“{}”创建；另一种是通过 set() 函数将列表、元组等可迭代对象转换为集合。推荐使用第二种方法。

1. 直接使用“{}”创建

在 Python 中，创建集合也可以像创建列表、元组和字典一样，可以直接将集合赋给变量，即直接使用花括号“{}”。其语法格式如下。

```
setname={element 1,element 2,element 3,…,element n}
```

其中，setname 表示集合的名称，可以是任何符合 Python 命名规则的标识符；element 1 ~ n 等表示集合中的元素，个数没有限制，并且只要是 Python 支持的数据类型就可以。

> **注意**
>
> 在创建集合时，如果输入了重复的元素，Python 会自动只保留一个。

例如，下面的每一行代码都可以创建一个集合。

```
set1={'1号','2号','3号'}
set2={3,1,4,1,5,9,2,6}
set3={'Python', 28, ('人生苦短', '我用Python')}
```

上面的代码将创建以下集合。

```
{'1号', '2号', '3号'}
{1, 2, 3, 4, 5, 6, 9}
{'Python', ('人生苦短', '我用Python'), 28}
```

> **说明**
>
> 因为 Python 中的集合是无序的，所以每次输出时元素的排列顺序可能与上面的不同，读者不必在意。

2. 使用 set() 函数创建

在 Python 中，可以使用 set() 函数将列表、元组等其他可迭代对象转换为集合。set() 函数的语法格式如下。

```
setname=set(iteration)
```

参数说明如下。

- setname：表示集合名称。

- iteration：表示要转换为集合的可迭代对象，可以是列表、元组、range 对象等。另外，也可以是字符串，如果是字符串，返回的集合将是包含全部不重复字符的集合。

例如，下面的每一行代码都可以创建一个集合。

```
set1=set("命运给予我们的不是失望之酒，而是机会之杯。")
set2=set([1.414,1.732,3.14159,2.236])
set3=set(('人生苦短', '我用Python'))
```

上面的代码将创建以下集合。

```
{'不', '的', '望', '是', '给', '，', '我', '。', '酒', '会', '杯', '运',
'们', '予', '而', '失', '机', '命', '之'}
{1.414, 2.236, 3.14159, 1.732}
{'人生苦短', '我用Python'}
```

从上面创建的集合中可以看出，在创建集合时，如果出现了重复元素，那么将只保留一个，如在第一个集合中的“是”和“之”都只保留了一个。

> **注意**
>
> 创建空集合只能使用 set() 函数实现，而不能使用一对花括号“{}”实现。这是因为在 Python 中，直接使用一对花括号“{}”表示创建一个空字典。

下面使用 set() 函数创建保存球员位置信息的集合。修改后的代码如下。

```
pf=set(['1号','2号','3号'])              # 保存大前锋的球员名字
print('大前锋位置的球员有',pf,'\n')     # 输出大前锋的球员名字
sf=set(['4号','5号','6号'])              # 保存后卫的球员名字
print('后卫位置的球员有',sf)            # 输出后卫的球员名字
```

> **说明**
>
> 在 Python 中，推荐采用 set() 函数创建集合。

10.2.2 集合元素的添加和删除

集合是可变序列，所以在创建集合后，还可以添加和删除元素。

1. 向集合中添加元素

向集合中添加元素可以使用 add() 方法实现。它的语法格式如下。

```
setname.add(element)
```

其中，setname 表示要添加元素的集合；element 表示要添加的元素内容，这里只能使用字符串、

数字及布尔值 True 或者 False 等，不能使用列表、元组等可迭代对象。

例如，定义一个保存明日科技“零基础学”系列图书名字的集合，然后向该集合中添加一本刚刚上市的图书的名字，代码如下。

```
mr=set(['零基础学Java','零基础学Android','零基础学C语言','零基础学C#','零
        基础学PHP'])
mr.add('零基础学Python')          # 添加一个元素
print(mr)
```

上面的代码运行后，将输出以下集合。

```
{'零基础学PHP', '零基础学Android', '零基础学C#', '零基础学C语言', '零基础学
Python', '零基础学Java'}
```

2. 从集合中删除元素

在 Python 中，可以使用 del 命令删除整个集合，也可以使用集合的 pop() 方法或者 remove() 方法删除一个元素，或者使用集合对象的clear()方法清空集合，即删除集合中的全部元素，使其变为空集合。

例如，下面的代码将分别用于从集合中删除指定元素、删除一个元素和清空集合。

```
mr=set(['零基础学Java','零基础学Android','零基础学C语言','零基础学C#','零
        基础学PHP','零基础学Python'])
mr.remove('零基础学Python')                              # 删除指定元素
print('使用remove()方法移除指定元素后:',mr)
mr.pop()                                                 # 删除一个元素
print('使用pop()方法移除一个元素后:',mr)
mr.clear()                                               # 清空集合
print('使用clear()方法清空集合后:',mr)
```

上面的代码运行后，将输出以下内容。

```
使用remove()方法移除指定元素后: {'零基础学Android', '零基础学PHP', '零基础学C语言',
                                '零基础学Java', '零基础学C#'}
使用pop()方法移除一个元素后: {'零基础学PHP', '零基础学C语言', '零基础学Java',
                              '零基础学C#'}
使用clear()方法清空集合后: set()
```

注意

当使用集合的 remove() 方法时，如果指定的内容不存在，将抛出图 10.6 所示的异常。所以在移除指定元素前，最好先判断其是否存在。要判断指定的内容是否存在，可以使用 in 关键字。例如，使用“'零语' in c”可以判断在 c 集合中是否存在“零语”。

```
Traceback (most recent call last):
  File "E:\program\Python\Code\test.py", line 25, in <module>
    mr.remove('零基础学Python1')  # 移除指定元素
KeyError: '零基础学Python1'
>>>
```

图 10.6　从集合中删除的元素不存在时抛出异常

10.2.3　集合的交集、并集和差集运算

集合常用的运算就是交集、并集和差集运算。在进行交集运算时，使用“&”符号；在进行并集运算时，使用“|”符号；在进行差集运算时，使用“-”符号。下面通过一个具体的示例演示如何对集合进行交集、并集和差集运算。

先在 IDLE 中创建一个名称为 section_operate.py 的文件，然后在该文件中定义两个包括 4 个元素的集合，再根据需要对这两个集合进行交集、并集和差集运算，并输出运算结果，代码如下。

```
pf=set(['1号','2号','3号'])          # 保存大前锋的球员名字
print('大前锋位置的球员有',pf,'\n')  # 输出大前锋的球员名字
cf=set(['1号','4号','5号'])          # 保存中锋的球员名字
print('中锋位置的球员有', cf,'\n')   # 输出中锋的球员名字
print('交集运算:', pf & cf)          # 输出既是大前锋又是中锋的球员名字
print('并集运算:', pf | cf)          # 输出大前锋和中锋的全部球员名字
print('差集运算:', pf - cf)          # 输出是大前锋但不是中锋的球员名字
```

运行上面的代码，结果如图 10.7 所示。

```
File  Edit  Shell  Debug  Options  Window  Help
大前锋位置的球员有 {'1号', '2号', '3号'}

中锋位置的球员有 {'1号', '4号', '5号'}

交集运算: {'1号'}
并集运算: {'1号', '2号', '3号', '4号', '5号'}
差集运算: {'2号', '3号'}
>>>
                                        Ln: 12  Col: 4
```

图 10.7　对球员集合进行交集、并集和差集运算的结果

第 11 章

文件与 I/O

在变量、序列和对象中存储的数据是暂时的，程序结束后就会丢失。为了能够长时间地保存程序中的数据，需要将程序中的数据保存到磁盘文件中。Python 提供了内置的文件对象和对文件、目录进行操作的内置模块。使用这些对象和模块可以很方便地将数据保存到文件（如文本文件等）中，以达到长时间保存数据的目的。本章将详细介绍 Python 中文件和目录的相关操作。

11.1 基本文件操作

Python 内置了文件（file）对象。在使用文件对象时，首先需要通过内置的 open() 函数创建一个文件对象，然后通过该对象提供的方法进行一些基本文件操作。例如，使用文件对象的 write() 方法向文件写入内容，使用 close() 方法关闭文件等。下面将介绍如何应用 Python 的文件对象进行基本文件操作。

11.1.1 创建和打开文件

在 Python 中，要操作文件，需要先创建或者打开指定的文件并创建文件对象。这可以通过内置的 open() 函数实现。open() 函数的基本语法格式如下。

```
file=open(filename[,mode[,buffering]])
```

参数说明如下。

- file：被创建的文件对象。
- filename：要创建或打开的文件名称，需要使用单引号或双引号括起来。如果要打开的文件和当前文件在同一个目录下，那么直接写文件名即可；否则，需要指定完整路径。例如，要打开当前路径下名称为 status.txt 的文件，可以使用 status.txt。

- mode：可选参数，用于指定文件的打开模式。其值如表 11.1 所示。默认的打开模式为只读模式。注意，若 mode 的值为 r*，则文件必须存在；若 mode 的值为 w*，且文件存在，则将其覆盖，否则将创建新文件。

表 11.1　mode 参数的值

值	说　明
r	以只读模式打开文件。文件的指针将会放在文件的开头
rb	以二进制格式打开文件，并且采用只读模式。文件的指针将会放在文件的开头。一般用于非文本文件，如图片、声音等
r+	打开文件后，可以读取文件内容，也可以写入新的内容，覆盖原有内容（从文件开头进行覆盖）
rb+	以二进制格式打开文件，并且采用读写模式。文件的指针将会放在文件的开头。一般用于非文本文件，如图片、声音等
w	以只写模式打开文件
wb	以二进制格式打开文件，并且采用只写模式。一般用于非文本文件，如图片、声音等
w+	打开文件后，先清空原有内容，使其变为一个空文件，对这个空文件有读写权限
wb+	以二进制格式打开文件，并且采用读写模式。一般用于非文本文件，如图片、声音等
a	以追加模式打开一个文件。如果该文件已经存在，文件指针将放在该文件的末尾（新内容会被写入已有内容之后）；否则，将创建新文件用于写入
ab	以二进制格式打开文件，并且采用追加模式。如果该文件已经存在，文件指针将放在该文件的末尾（新内容会被写入已有内容之后）；否则，将创建新文件用于写入
a+	以读写模式打开文件。如果该文件已经存在，文件指针将放在该文件的末尾（新内容会被写入已有内容之后）；否则，将创建新文件用于读写
ab+	以二进制格式打开文件，并且采用追加模式。如果该文件已经存在，文件指针将放在该文件的末尾（新内容会被写入已有内容之后），否则，将创建新文件用于读写

- buffering：可选参数，用于指定读写文件的缓存模式。若值为 0，表示不缓存表达式；若值为 1，表示缓存表达式；如果大于 1，则表示缓存区的大小。默认为缓存模式。

使用 open() 函数可实现以下几个功能。

1. 打开一个不存在的文件时先创建该文件

在默认的情况下，使用 open() 函数打开一个不存在的文件，会抛出图 11.1 所示的异常。

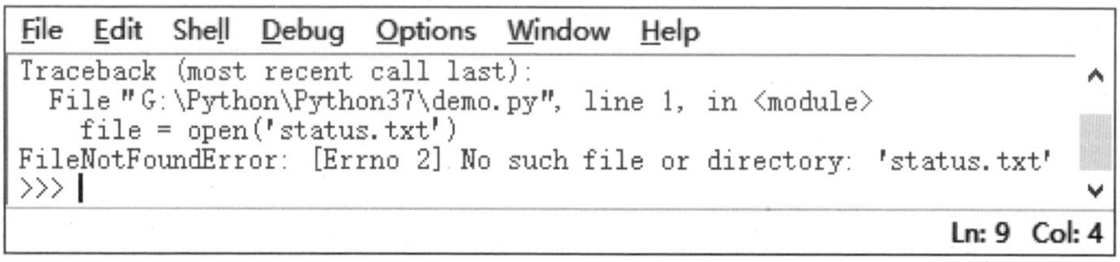

图 11.1　打开的文件不存在时抛出的异常

要解决图 11.1 所示的异常问题，主要有以下两种方法。

- 在当前目录下（与执行的文件相同的目录）创建一个名称为 status.txt 的文件。
- 在调用 open() 函数时，指定 mode 参数的值为 w、w+、a、a+。这样，当要打开的文件不存在时，就可以创建新的文件了。

2. 以二进制格式打开文件

使用 open() 函数不仅可以以文本格式打开文本文件，而且可以以二进制格式打开非文本文件，如图片文件、音频文件、视频文件等。例如，创建一个名称为 picture.png 的图片文件（如图 11.2 所示），并且应用 open() 函数以二进制格式打开该文件。

图 11.2　打开的图片文件

以二进制格式打开该文件，并输出创建的对象的代码如下。

```
file=open('picture.png','rb')          # 以二进制格式打开图片文件
print(file)                            # 输出创建的对象
```

执行上面的代码后，将显示图 11.3 所示的运行结果。

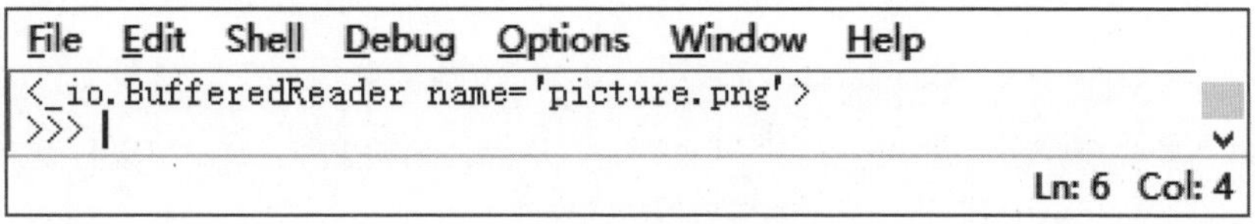

图 11.3　运行结果

从图 11.3 中可以看出，创建的是一个 BufferedReader 对象。该对象生成后，可以再应用其他的第三方模块进行处理。例如，上面的 BufferedReader 对象是通过打开图片文件创建的。可以将其传入第三方的 Python 图像处理库（PIL）的 Image 模块的 open() 方法中，以便对图片进行处理（如调整大小等）。

3. 打开文件时指定编码格式

在使用 open() 函数打开文件时，默认采用 GBK（汉字内码扩展规范）编码，当被打开的文件的内容格式不是 GBK 编码时，将抛出图 11.4 所示的异常。

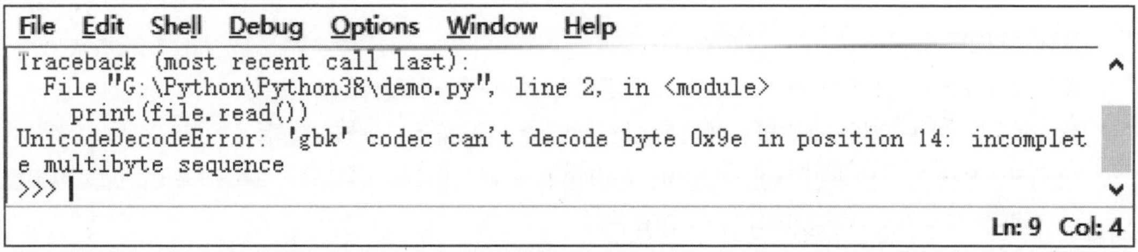

图 11.4　异常

解决该问题的方法有两种：一种是直接修改文件的编码；另一种是在打开文件时，直接指定使用的编码格式。推荐采用第二种方法。下面重点介绍如何在打开文件时指定编码格式。

在调用 open() 函数时，通过添加 encoding='utf- 8' 参数即可将编码格式指定为 UTF- 8。如果想要指定其他编码格式，将单引号中的内容替换为想要指定的编码格式即可。

例如，要打开采用 UTF- 8 编码格式保存的 notice.txt 文件，可以使用下面的代码。

```
file=open('notice.txt','r',encoding='utf-8')
```

11.1.2 关闭文件

打开文件后，需要及时关闭，以免对文件造成不必要的破坏。关闭文件可以使用文件对象的 close() 方法实现。close() 方法的语法格式如下。

```
file.close()
```

其中，file 为打开的文件对象。

例如，要关闭打开的文件对象，可以使用下面的代码实现。

```
file.close()      # 关闭文件对象
```

说明

close() 方法先刷新缓存区中还没有写入的信息，然后才关闭文件，这样可以将没有写入文件的内容写入文件。在关闭文件后，便不能再进行写入操作了。

11.1.3 打开文件时使用 with 语句

打开文件后，要及时将其关闭。如果忘记关闭，可能会带来意想不到的问题。另外，如果在打开文件时抛出了异常，那么将导致文件不能被及时关闭。为了避免此类问题的发生，可以使用 Python 提供的 with 语句。在处理文件时，无论是否抛出异常，使用 with 语句都能保证执行完毕后关闭已经打开的文件。with 语句的基本语法格式如下。

```
with expression as target:
    with-body
```

参数说明如下。

- expression：用于指定一个表达式，这里可以是打开文件的 open() 函数。
- target：用于指定一个变量，并且将 expression 的结果保存到该变量中。
- with- body：用于指定 with 语句体，可以是执行 with 语句后相关的一些操作语句。如果不想执行任何语句，可以直接使用 pass 语句代替。

例如，在打开文件时使用 with 语句，代码如下。

```
print("\n","="*10,"Python经典应用","="*10)
with open('message.txt','w') as file:    # 创建或打开保存Python经典应用信息的文件
```

```
    pass
print("\n 即将显示……\n")
```

11.1.4　写入文件内容

在前文中，虽然创建并打开了一个文件，但是该文件中并没有任何内容，它的大小是 0KB。Python 的文件对象提供了 write() 方法，用于向文件中写入内容。write() 方法的语法格式如下。

```
file.write(string)
```

参数说明如下。

- file：打开的文件对象。
- string：要写入的字符串。

注意

调用 write() 方法向文件中写入内容的前提是，打开文件时，指定的打开模式为 w（只写）或者 a（追加），否则，将抛出图 11.5 所示的异常。

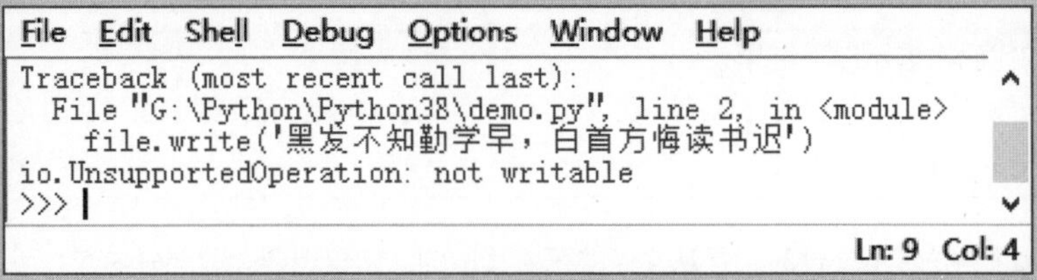

图 11.5　没有写入权限时的异常

11.1.5　读取文件

在 Python 中打开文件后，不仅可以向其写入或追加内容，还可以读取文件中的内容。读取文件内容主要分为以下几种情况。

1. 读取指定字符

文件对象提供了 read() 方法来读取指定个数的字符。其语法格式如下。

```
file.read([size])
```

其中，file 为打开的文件对象；size 为可选参数，用于指定要读取的字符个数，如果省略，则一次性读取所有内容。

注意

调用 read() 方法读取文件内容的前提是，打开文件时，指定的打开模式为 r（只读）或者 r+（读写），否则，将抛出图 11.6 所示的异常。

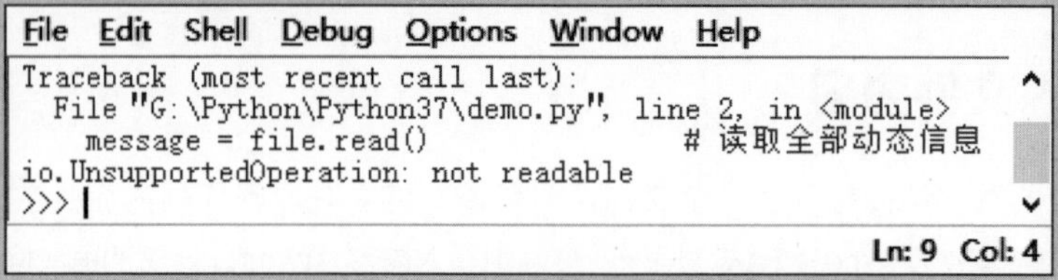

图 11.6 没有读取权限时的异常

例如，要读取 message.txt 文件中的前 9 个字符，可以使用下面的代码。

```
with open('message.txt','r') as file:   # 打开文件
    string=file.read(9)                 # 读取前9个字符
    print(string)
```

message.txt 的文件内容如下。

```
Python的强大，强大到你无法想象！！！
```

运行上面的代码将显示以下结果。

```
Python的强大
```

当使用 read() 方法读取文件时，是从文件的开头读取的。如果想要读取部分内容，可以先使用文件对象的 seek() 方法将文件的指针移动到新的位置，然后用 read() 方法读取。seek() 方法的基本语法格式如下。

```
file.seek(offset[,whence])
```

参数说明如下。

- file：表示已经打开的文件对象。
- offset：用于指定移动的字符个数，其具体位置与 whence 有关。
- whence：用于指定从什么位置开始计算。若值为 0，表示从文件头开始计算；若值为 1，表示从当前位置开始计算；若值为 2，表示从文件尾开始计算。默认为 0。

注意

对于 whence 参数，在打开文件时，如果没有使用 b 模式（采用 rb），那么只允许从文件头开始计算相对位置，从文件尾计算时就会抛出图 11.7 所示的异常。

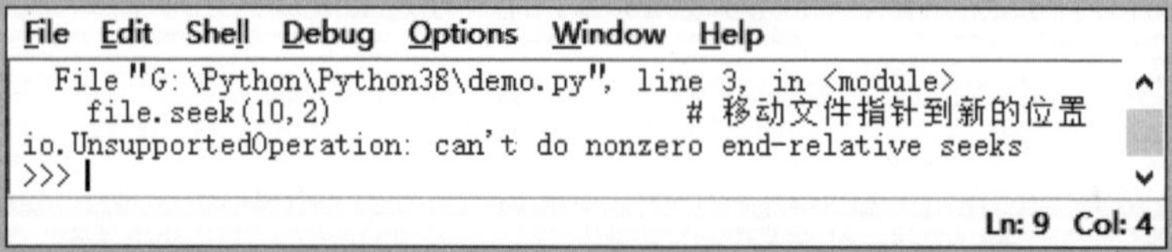

图 11.7 没有使用 b 模式，从文件尾计算时的异常

例如，要从文件的第 11 个字符开始读取 8 个字符，可以使用下面的代码。

```
with open('message.txt','r') as file:    # 打开文件
    file.seek(14)                        # 移动文件指针到新的位置
    string=file.read(8)                  # 读取8个字符
    print(string)
```

message.txt 的文件内容如下。

```
Python的强大，强大到你无法想象！！！
```

运行上面的代码将显示以下结果。

```
强大到你无法想象
```

说明

在使用 seek() 方法时，offset 的值是按一个汉字占两个字符、英文和数字各占一个字符计算的，这与 read() 方法的不同。

2. 读取一行

在使用 read() 方法读取文件时，如果文件很大，一次读取全部内容到内存，容易造成内存不足，所以通常会逐行读取。文件对象提供了 readline() 方法，用于每次读取一行数据。readline() 方法的基本语法格式如下。

```
file.readline()
```

其中，file 为打开的文件对象。同 read() 方法一样，打开文件时，也需要指定打开模式为 r（只读）或者 r+（读写）。

```
print("\n","="*20,"Python经典应用","="*20,"\n")
with open('message.txt','r') as file:     # 打开保存Python经典应用信息的文件
    number=0                  # 记录行号
    while True:
        number+=1
        line=file.readline()
        if line=='':
            break             # 跳出循环
        print(number,line,end="\n")      # 输出一行内容
print("\n","="*20,"over","="*20,"\n")
```

运行上面的代码，将显示图 11.8 所示的结果。

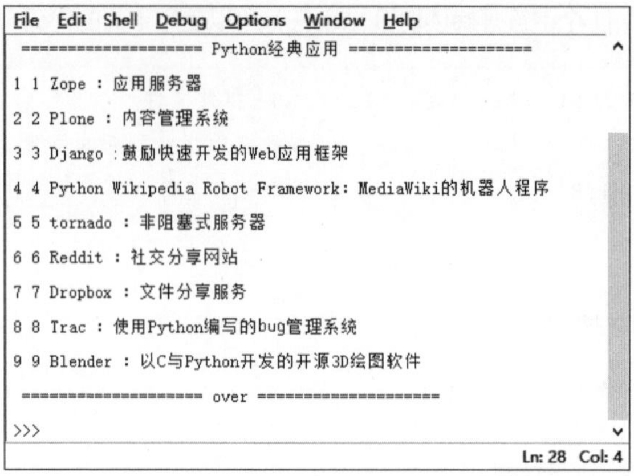

图 11.8　逐行读取 Python 经典应用文件的结果

3. 读取全部行

读取全部行的作用同调用 read() 方法时不指定 size 类似，只不过读取全部行时，返回的是一个字符串列表，列表中的每个元素为文件的一行内容。读取全部行使用的是文件对象的 readlines() 方法，其语法格式如下。

```
file.readlines()
```

其中，file 为打开的文件对象。同 read() 方法一样，打开文件时，对于 readlines() 方法，也需要指定打开模式为 r（只读）或者 r+（读写）。

例如，通过 readlines() 方法读取 message.txt 文件中的所有内容，并输出读取结果，代码如下。

```
print("\n","="*20,"Python经典应用","="*20,"\n")
with open('message.txt','r') as file:          # 打开保存Python经典应用信息的文件
    message=file.readlines()                    # 读取全部信息
    print(message)                                 # 输出信息
    print("\n","="*25,"over","="*25,"\n")
```

运行上面的代码，将显示图 11.9 所示的运行结果。

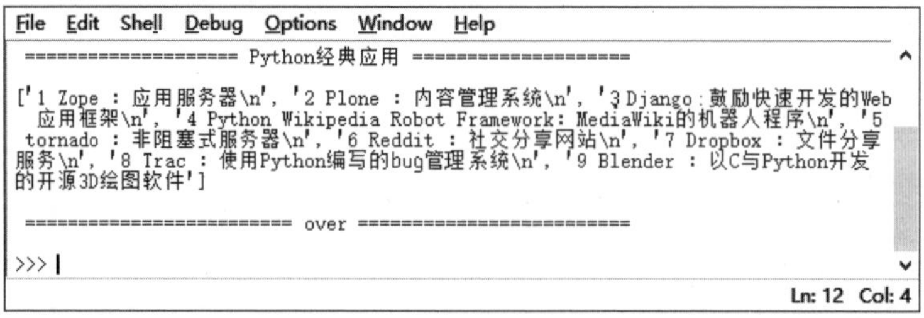

图 11.9　运行结果

从该运行结果中可以看出，readlines() 方法的返回值为一个字符串列表。在这个字符串列表中，每个元素记录一行内容。当文件比较大时，采用这种方法输出读取的文件内容的速度会很慢。这时可以将列表的内容逐行输出。例如，代码可以修改为以下内容。

```
print("\n","="*20,"Python 经典应用","="*20,"\n")
with open('message.txt','r') as file:        # 打开保存 Python 经典应用信息的文件
    messageall=file.readlines()              # 读取全部信息
    for message in messageall:
        print(message)                       # 输出一条信息
print("\n","="*25,"over","="*25,"\n")
```

上述代码的运行结果与图 11.8 相同。

11.2 目录操作

目录也称文件夹，用于分层保存文件。通过目录我们可以分门别类地存放文件，也可以快速找到想要的文件。在 Python 中，并没有提供直接操作目录的函数或者对象，而需要使用内置的 os 和 os.path 模块实现。

> 说明
>
> os 模块是 Python 内置的与操作系统功能和文件系统相关的模块，该模块中语句的执行结果通常与操作系统有关，在不同的操作系统上运行，可能会得到不一样的结果。

常用的目录操作主要有判断目录是否存在、创建目录、删除目录和遍历目录等。

> 说明
>
> 本章的内容都是以 Windows 操作系统为例进行介绍的，所以代码的运行结果也都是在 Windows 操作系统下显示的。

11.2.1 os 和 os.path 模块

在 Python 中，内置了 os 模块及其子模块 os.path，用于对目录或文件进行操作。在使用 os 模块或者 os.path 模块时，需要先应用 import 语句将其导入，然后才可以应用它们提供的函数或者变量。

可以使用下面的代码导入 os 模块。

```
import os
```

> 说明
>
> 导入 os 模块后，也可以使用其子模块 os.path。

导入 os 模块后，可以使用该模块提供的通用变量获取与系统有关的信息。下面介绍常用的变量。

name 用于获取操作系统类型。

例如，在 Windows 操作系统下输入 os.name，按 Enter 键，将显示图 11.10 所示的结果。

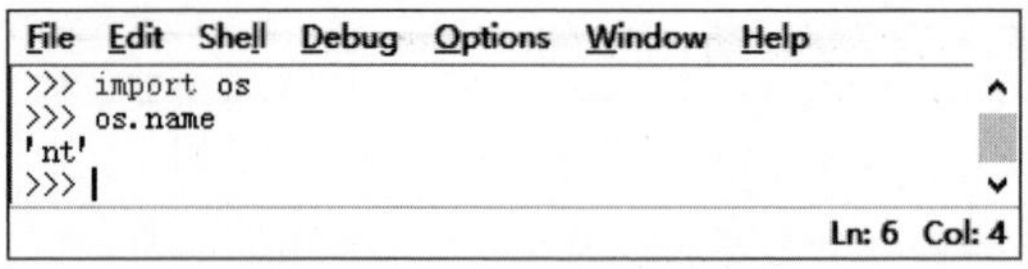

图 11.10 显示 os.name 的结果

> **说明**
>
> 如果 os.name 的输出结果为 nt，则表示是 Windows 操作系统；如果 os.name 的输出结果为 posix，则表示是 Linux、UNIX 操作系统或 mac OS。

linesep 用于获取当前操作系统上的换行符。

例如，在 Windows 操作系统下输入 os.linesep，按 Enter 键，将显示图 11.11 所示的结果。

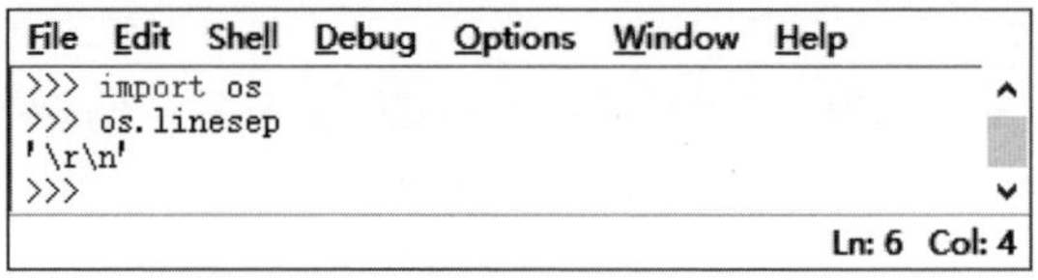

图 11.11 显示 os.linesep 的结果

sep 用于获取当前操作系统所使用的路径分隔符。

例如，在 Windows 操作系统下输入 os.sep，按 Enter 键，将显示图 11.12 所示的结果。

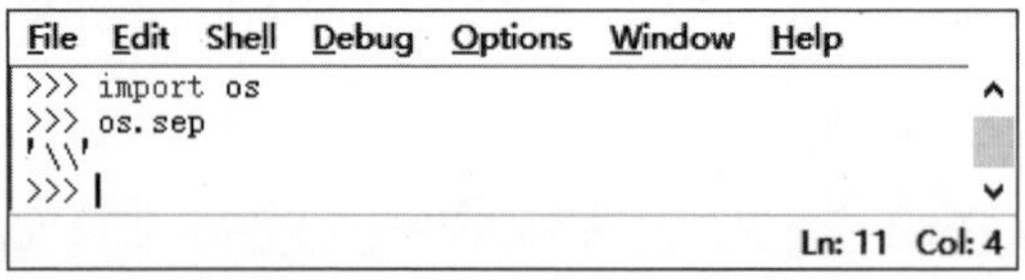

图 11.12 显示 os.sep 的结果

os 模块还提供了一些与目录操作相关的函数，如表 11.2 所示。

表 11.2 os 模块提供的与目录操作相关的函数

函 数	说 明
getcwd()	返回当前的工作目录
listdir(path)	返回指定路径下的文件和目录信息
mkdir(path [,mode])	创建目录
makedirs(path1/path2...[,mode])	创建多级目录
rmdir(path)	删除目录
removedirs(path1/path2...)	删除多级目录
chdir(path)	把 path 设置为当前工作目录
walk(top[,topdown[,onerror]])	遍历目录树，返回一个元组，包括所有路径名、所有目录列表和文件列表这 3 个元素

os.path 模块也提供了一些与目录操作相关的函数，如表 11.3 所示。

表 11.3　os.path 模块提供的与目录操作相关的函数

函　数	说　明
abspath(path)	获取文件或目录的绝对路径
exists(path)	判断目录或者文件是否存在，如果存在，则返回 True；否则，返回 False
join(path,name)	将目录与目录或者文件名拼接起来
splitext()	分离文件名和扩展名
basename(path)	从一个目录中提取文件名
dirname(path)	从一个路径中提取文件路径，不包括文件名
isdir(path)	判断是否为路径

11.2.2　路径

用于定位一个文件或者目录的字符串称为一个路径。在程序开发中，通常涉及两种路径：一种是相对路径，另一种是绝对路径。

1. 相对路径

在学习相对路径之前，需要先了解什么是当前工作目录。当前工作目录是指当前文件所在的目录。在 Python 中，可以通过 os 模块提供的 getcwd() 函数获取当前工作目录。例如，在“E:\program\Python\Code”目录下的 demo.py 文件中，编写以下代码。

```
import os
print(os.getcwd())                        # 输出当前工作目录
```

运行上面的代码后，将显示以下目录，该目录就是当前工作目录。

```
E:\program\Python\Code
```

相对路径依赖于当前工作目录。如果在当前工作目录下有一个名称为 message.txt 的文件，那么在打开这个文件时，就可以直接写上文件名。这采用的就是相对路径。message.txt 文件的实际路径就是“当前工作目录 E:\program\Python\Code+ 相对路径 message.txt”，即“E:\program\Python\Code\message.txt”。

如果在当前工作目录下有一个子目录 demo，并且在该子目录下保存着文件 message.txt，那么在打开这个文件时就可以写上“demo/message.txt”，代码如下。

```
with open("demo/message.txt") as file:          # 通过相对路径打开文件
    pass
```

说明

在Python中，指定文件路径时需要对路径分隔符“\”进行转义，即将路径中的“\”替换为“\\”。例如，相对路径“demo\message.txt”需要使用“demo\\message.txt”代替。另外，路径分隔符“\”也可以采用“/”代替。

! 多学两招

在指定文件路径时，也可以在表示路径的字符串前面加上字母r（或R），使字符串原样输出，这时路径中的分隔符就不需要再转义了。例如，上面的代码也可以修改为如下内容。

```
with open(r"demo\message.txt") as file:        # 通过相对路径打开文件
    pass
```

2. 绝对路径

绝对路径是指在使用文件时指定文件的实际路径，它不依赖于当前工作目录。在Python中，可以通过os.path模块提供的abspath()函数获取一个文件的绝对路径。abspath()函数的基本语法格式如下。

```
os.path.abspath(path)
```

其中，path为要获取绝对路径的相对路径，可以是文件也可以是目录。

例如，要获取相对路径“demo\message.txt”的绝对路径，可以使用下面的代码实现。

```
import os
print(os.path.abspath(r"demo\message.txt"))   # 获取绝对路径
```

如果当前工作目录为“E:\program\Python\Code”，那么将得到以下结果。

```
E:\program\Python\Code\demo\message.txt
```

3. 拼接路径

如果想要将两个或者多个路径拼接到一起，以组成一个新的路径，可以使用os.path模块提供的join()函数实现。join()函数的基本语法格式如下。

```
os.path.join(path1[,path2[,...]])
```

其中，path1、path2代表要拼接的文件路径，这些路径间使用逗号进行分隔。如果在要拼接的路径中没有一个绝对路径，那么最后拼接出来的将是一个相对路径。

注意

当使用os.path.join()函数拼接路径时，并不会检测该路径是否真实存在。

例如，要将“E:\program\Python\Code”和“demo\message.txt”路径拼接到一起，可以使用下面的代码。

```
import os
print(os.path.join("E:\program\Python\Code","demo\message.txt"))
# 拼接路径
```

运行上面的代码，将得到以下结果。

```
E:\program\Python\Code\demo\message.txt
```

说明

在使用 join() 函数时，如果要拼接的路径中存在多个绝对路径，那么以从左到右最后一次出现的路径为准，并且该路径之前的参数都将被忽略。例如，执行下面的代码。

```
import os
# 拼接路径
print(os.path.join("E:\\code","E:\\python\\mr","Code","C:\\","demo"))
```

拼接后的路径为“C:\demo”。

注意

当把两个路径拼接为一个路径时，不要直接使用拼接字符串的方法，而要使用 os.path.join() 函数，这样可以正确处理不同操作系统的路径分隔符。

11.2.3　判断目录是否存在

在 Python 中，若要判断给定的目录是否存在，可以使用 os.path 模块提供的 exists() 函数。exists() 函数的基本语法格式如下。

```
os.path.exists(path)
```

其中，path 为要判断的目录，可以采用绝对路径，也可以采用相对路径。如果给定的路径存在，返回 True；否则，返回 False。

例如，要判断绝对路径“C:\demo”是否存在，可以使用下面的代码。

```
import os
print(os.path.exists("C:\\demo"))                    # 判断绝对路径是否存在
```

运行上面的代码，如果在 C 盘根目录下没有 demo 子目录，则返回 False；否则，返回 True。

说明

使用 os.path.exists() 函数不仅可以判断目录是否存在，还可以判断文件是否存在。例如，如果将上面的代码中的“C:\\demo”替换为“C:\\demo\\test.txt”，则代码用于判断 C:\demo\test.txt 文件是否存在。

11.2.4 创建目录

在 Python 中，os 模块提供了两个创建目录的函数，一个用于创建一级目录，另一个用于创建多级目录。下面分别进行介绍。

1. 创建一级目录

创建一级目录是指一次只能创建一级目录，在 Python 中，可以使用 os 模块提供的 mkdir() 函数实现。通过该函数只能创建指定路径中的最后一级目录，如果该目录的上一级不存在，则抛出 FileNotFoundError 异常。mkdir() 函数的基本语法格式如下。

```
os.mkdir(path, mode=0777)
```

参数说明如下。

- path：用于指定要创建的目录，可以使用绝对路径，也可以使用相对路径。
- mode：用于指定数值模式，默认值为 0777。该参数在非 UNIX 操作系统上无效或被忽略。

例如，要在 Windows 操作系统上创建一个“C:\demo”目录，可以使用下面的代码。

```
import os
os.mkdir("C:\\demo")                    # 创建"C:\demo"目录
```

运行上面的代码后，将在 C 盘根目录下创建一个“demo”目录，如图 11.13 所示。

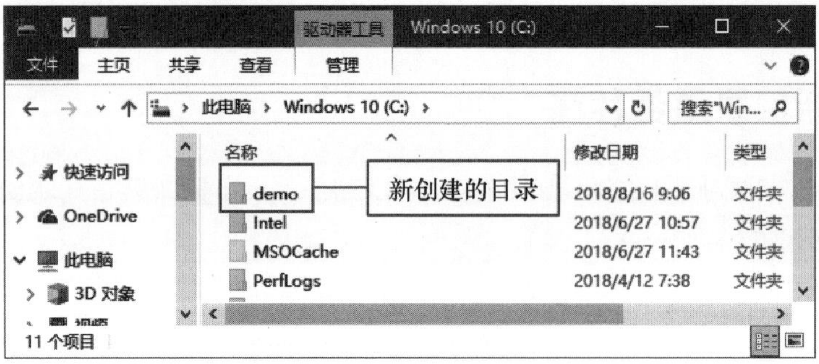

图 11.13 demo 目录创建成功

如果在创建目录时“demo”目录已经存在，将抛出 FileExistsError 异常。若将上面的示例代码再运行一次，将抛出图 11.14 所示的异常。

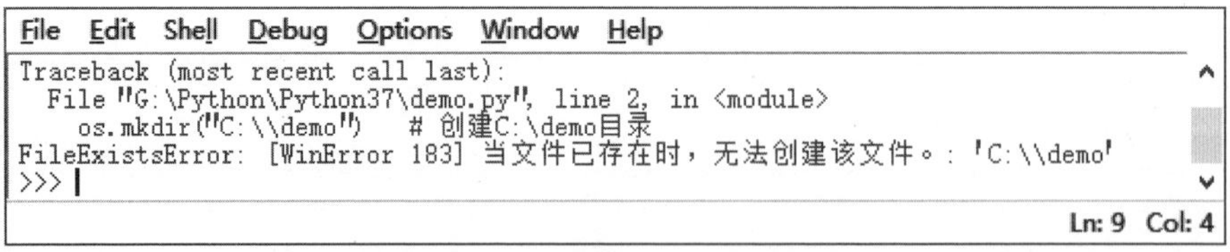

图 11.14 创建 demo 目录失败的异常

要解决上面的问题，可以在创建目录前，先判断指定的目录是否存在，只有当目录不存在时才创建。具体代码如下。

```
import os
path="C:\\demo"                        # 指定要创建的目录
if not os.path.exists(path):           # 判断目录是否存在
    os.makedirs(path)                  # 创建目录
    print("目录创建成功！")
else:
    print("该目录已经存在！")
```

运行上面的代码，如果“C:\\demo”目录已经存在，将显示以下结果。

```
该目录已经存在!
```

否则，将显示以下结果，同时目录将被成功创建。

```
目录创建成功!
```

> **注意**
>
> 如果指定的目录有多级，而且最后一级的上级目录中有不存在的，则抛出 FileNotFoundError 异常，并且目录创建不成功。这时可以使用创建多级目录的方法。

2. 创建多级目录

使用 mkdir() 函数只能创建一级目录，如果想创建多级目录，可以使用 os 模块提供的 makedirs() 函数，该函数采用递归的方式创建目录。makedirs() 函数的基本语法格式如下。

```
os.makedirs(name, mode=0777)
```

参数说明如下。

- name：用于指定要创建的目录，可以使用绝对路径，也可以使用相对路径。
- mode：用于指定数值模式，默认值为 0777。该参数在非 UNIX 操作系统上无效或被忽略。

例如，要在 Windows 操作系统上刚刚创建的“C:\demo”目录下，再创建子目录“test\dir\mr”（对应的目录为“C:\demo\test\dir\mr”），可以使用下面的代码。

```
import os
os.makedirs("C:\\demo\\test\\dir\\mr ")  # 创建"C:\demo\test\dir\mr"目录
```

运行上面的代码后，将在“C:\demo”目录下创建子目录“test”，并且在“test”目录下再创建子目录“dir”，在“dir”目录下再创建子目录“mr”。多级目录的结构如图 11.15 所示。

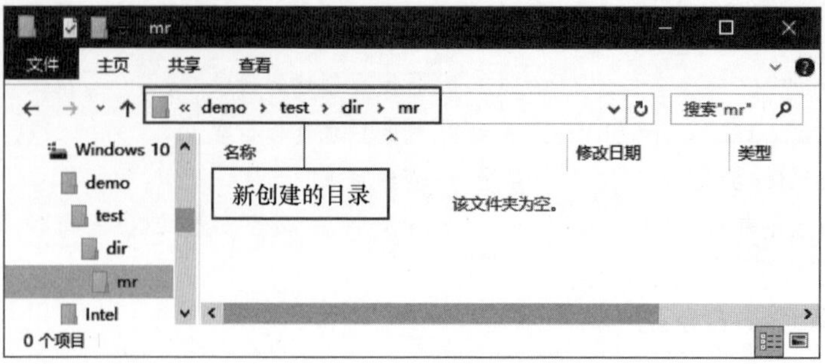

图 11.15　多级目录的结构

11.2.5　删除目录

删除目录可以使用 os 模块提供的 rmdir() 函数实现。通过 rmdir() 函数删除目录时，要删除的目录必须为空目录。rmdir() 函数的基本语法格式如下。

```
os.rmdir(path)
```

其中，path 为要删除的目录，可以使用相对路径，也可以使用绝对路径。

例如，要删除刚刚创建的“C:\demo\test\dir\mr”目录，可以使用下面的代码。

```
import os
os.rmdir("C:\\demo\\test\\dir\\mr")        # 删除"C:\demo\test\dir\mr"目录
```

运行上面的代码后，将删除“C:\demo\test\dir”目录下的“mr”目录。

注意

如果要删除的目录不存在，那么将抛出 FileNotFoundError: [WinError 2] 异常。因此，在执行 os.rmdir() 函数前，建议先判断该目录是否存在，这需要使用 os.path.exists() 函数。具体代码如下。

```
import os
path="C:\\demo\\test\\dir\\mr"                  # 指定要创建的目录
if os.path.exists(path):                        # 判断目录是否存在
    os.rmdir("C:\\demo\\test\\dir\\mr")         # 删除目录
    print("目录删除成功!")
else:
    print("该目录不存在!")
```

多学两招

使用 rmdir() 函数只能删除空目录，如果想要删除非空目录，则需要使用 Python 内置的标准模块 shutil 的 rmtree() 函数。例如，要删除不为空的“C:\\demo\\test”目录，可以使用下面的代码。

```
import shutil
shutil.rmtree("C:\\demo\\test")    # 删除"C:\demo"目录下的"test"子目录及其内容
```

11.2.6　遍历目录

遍历的意思是全部走遍。在 Python 中，遍历就是将指定目录下的全部目录（包括子目录）及文件浏览一遍。在 Python 中，os 模块的 walk() 函数用于实现遍历目录的功能。walk() 函数的基本语法格式如下。

```
os.walk(top[,topdown][,onerror][,followlinks])
```

参数及返回值说明如下。

- top：用于指定要遍历的根目录。
- topdown：可选参数，用于指定遍历的顺序。如果值为 True，表示自上而下遍历（先遍历根目录）；如果值为 False，表示自下而上遍历（先遍历最后一级子目录）。默认值为 True。
- onerror：可选参数，用于指定错误处理方式，默认为忽略，如果不想忽略，也可以指定一个错误处理函数。
- followlinks：可选参数，默认情况下，walk() 函数不会跟踪目录的符号链接，若将该参数值设置为 True，可指定在支持的系统上访问由符号链接指向的目录。
- 返回值：返回一个包括 3 个元素的元组生成器对象 (dirpath, dirnames, filenames)。其中，dirpath 表示当前遍历的目录，是一个字符串；dirnames 表示当前目录下的子目录，是一个列表；filenames 表示当前目录下的文件，也是一个列表。

例如，要遍历指定目录“E:\program\Python\Code\01”，可以使用下面的代码。

```
import os                                  # 导入os模块
    # 遍历"E:\program\Python\Code\01"目录
tuples=os.walk("E:\\program\\Python\\Code\\01") for tuple1 in tuples:
                                           # 通过for循环输出遍历结果
    print(tuple1 ,"\n")                    # 输出每一级目录的元组
```

如果“E:\program\Python\Code\01”目录下包括图 11.16 所示的内容，运行上面的代码，将显示图 11.17 所示的结果。

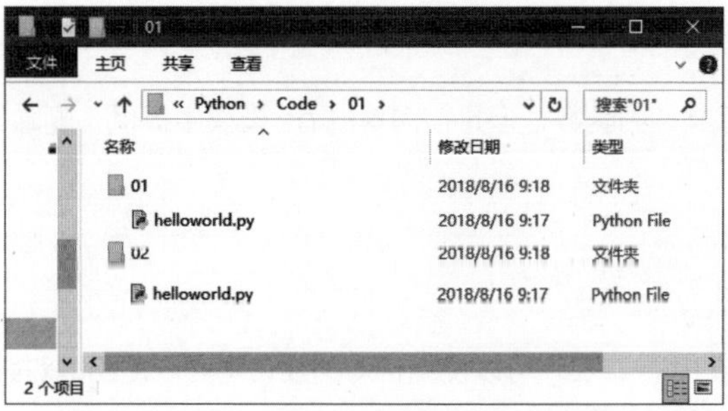

图 11.16　指定目录下的内容

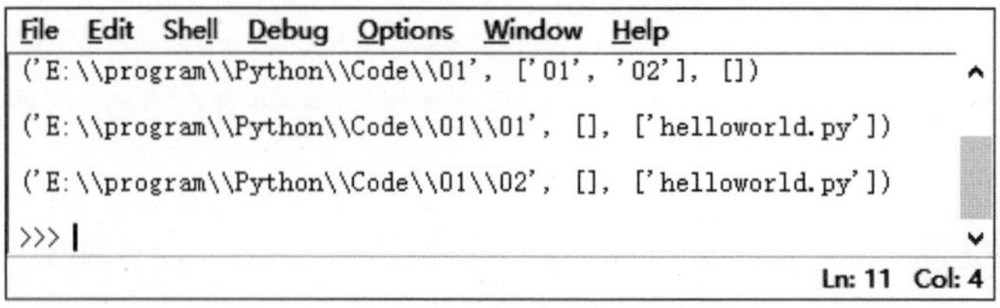

图 11.17 遍历指定目录的结果

> **注意**
>
> walk() 函数只在 UNIX 和 Windows 操作系统中有效。

11.3 高级文件操作

Python 内置的 os 模块不仅可以对目录进行操作，还可以对文件进行一些高级操作。os 模块提供的与文件操作相关的函数如表 11.4 所示。

表 11.4 os 模块提供的与文件操作相关的函数

函　数	说　明
access(path,accessmode)	判断对文件是否有指定的访问权限（读取 / 写入 / 执行权限）。accessmode 的值是 R_OK（读取）、W_OK（写入）、X_OK（执行）或 F_OK（存在）。如果有指定的权限，则返回 1；否则，返回 0
chmod(path,mode)	修改指定文件的访问权限
remove(path)	删除指定的文件路径
rename(src,dst)	将文件或目录重命名
stat(path)	返回指定文件的信息
startfile(path [, operation])	使用关联的应用程序打开指定的文件

下面将对常用的操作进行详细介绍。

11.3.1 删除文件

Python 没有内置删除文件的函数，但是在内置的 os 模块中提供了删除文件的函数 remove()，该函数的基本语法格式如下。

```
os.remove(path)
```

其中，path 为要删除的文件路径，可以使用相对路径，也可以使用绝对路径。

例如，要删除当前工作目录下的 mrsoft.txt 文件，可以使用下面的代码。

```
import os                        # 导入os模块
os.remove("mrsoft.txt")          # 删除当前工作目录下的mrsoft.txt文件
```

运行上面的代码后，如果在当前工作目录下存在 mrsoft.txt 文件，则可将其删除；否则，将显示图 11.18 所示的异常。

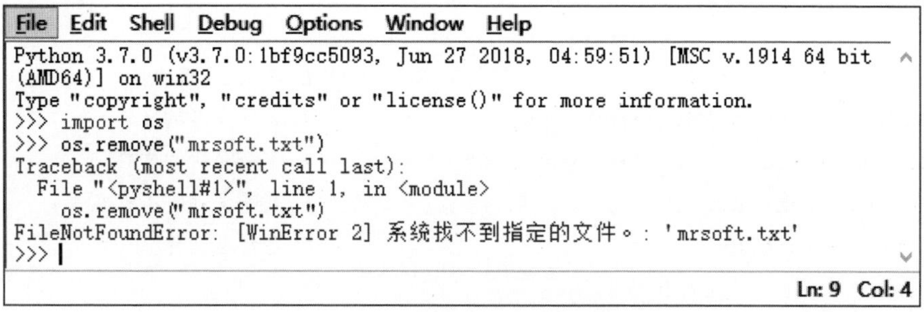

图 11.18 要删除的文件不存在时的异常

为了消除以上异常，在删除文件时，可以先判断文件是否存在，只有文件存在时，才执行删除操作。具体代码如下。

```
import os                          # 导入os模块
path="mrsoft.txt"                  # 要删除的文件
if os.path.exists(path):           # 判断文件是否存在
    os.remove(path)                # 删除文件
    print("文件删除完毕！")
else:
    print("文件不存在！")
```

运行上面的代码，如果 mrsoft.txt 不存在，则显示以下内容。

```
文件不存在！
```

否则，将显示以下内容，同时文件将被删除。

```
文件删除完毕！
```

11.3.2 重命名文件和目录

os 模块提供了重命名文件和目录的函数 rename()。如果指定的是文件，则重命名文件；如果指定的是目录，则重命名目录。rename() 函数的基本语法格式如下。

```
os.rename(src,dst)
```

参数说明如下。

- src：用于指定要进行重命名的目录或文件。

✓ dst：用于指定重命名后的目录或文件。

同删除文件一样，在进行文件或目录重命名时，如果指定的目录或文件不存在，也将抛出 FileNotFoundError 异常。因此在进行文件或目录重命名时，也建议先判断文件或目录是否存在，只有存在时才可以进行重命名操作。

例如，要将“C:\demo\test\dir\mr\mrsoft.txt”文件重命名为“C:\demo\test\dir\mr\mr.txt”，可以使用下面的代码。

```
import os                                          # 导入os模块
src="C:\\demo\\test\\dir\\mr\\mrsoft.txt"          # 要重命名的文件
dst="C:\\demo\\test\\dir\\mr\\mr.txt"              # 重命名后的文件
if os.path.exists(src):                            # 判断文件是否存在
    os.rename(src,dst)                             # 重命名文件
    print("文件重命名完毕！")
else:
    print("文件不存在！")
```

运行上面的代码，如果“C:\demo\test\dir\mr\mrsoft.txt”文件不存在，则显示以下内容。

```
文件不存在！
```

否则，将显示以下内容，同时文件被重命名。

```
文件重命名完毕！
```

注意

在使用 rename() 函数重命名目录时，只能修改最后一级的目录名称，否则将抛出图 11.19 所示的异常。

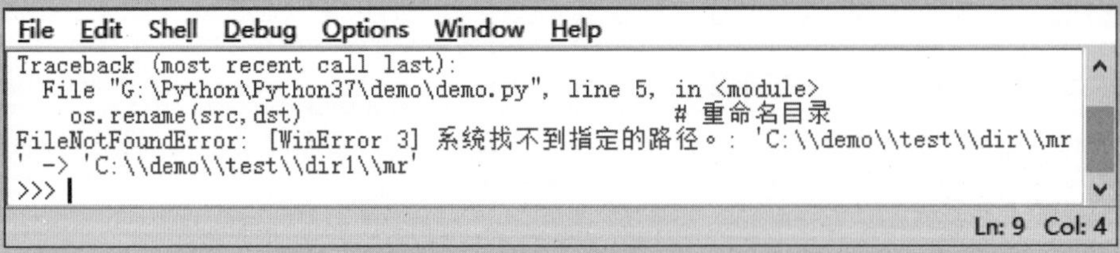

图 11.19　重命名的不是最后一级目录时的异常

使用 rename() 函数重命名目录与重命名文件的操作基本相同，只要把原来的文件路径替换为目录即可。例如，要将当前目录下的 demo 目录重命名为 test，可以使用下面的代码。

```
import os                  # 导入os模块
src="demo"                 # 要重命名的目录为当前目录下的demo
dst="test"                 # 将目录重命名为test
```

```
if os.path.exists(src):              # 判断目录是否存在
    os.rename(src,dst)               # 重命名目录
    print("目录重命名完毕！")
else:
    print("目录不存在！")
```

11.3.3　获取文件基本信息

在计算机上创建文件后，该文件本身就会包含一些信息，例如，文件的最后一次访问时间、最后一次修改时间、文件大小等。通过 os 模块的 stat() 函数可以获取文件的基本信息。stat() 函数的基本语法格式如下。

```
os.stat(path)
```

其中，path 为要获取其基本信息的文件的路径，可以是相对路径，也可以是绝对路径。

stat() 函数的返回值是一个对象，该对象包含表 11.5 所示的属性。通过访问这些属性可以获取文件的基本信息。

表 11.5　stat() 函数返回的对象的常用属性

属　性	说　明	属　性	说　明
st_mode	保护模式	st_dev	设备名
st_ino	索引号	st_uid	用户 ID
st_nlink	硬链接数	st_gid	组 ID
st_size	文件大小，单位为字节	st_atime	最后一次访问时间
st_mtime	最后一次修改时间	st_ctime	最后一次状态变化的时间（系统不同，返回结果也不同，例如，在 Windows 操作系统下返回的是文件的创建时间）

例如，要获取 message.txt 文件的路径、大小和最后一次修改时间，代码如下。

```
import os                                # 导入os模块
if os.path.exists("message.txt"):        # 判断文件是否存在
    fileinfo=os.stat("message.txt")      # 获取文件的基本信息
# 获取文件的完整路径
    print("文件完整路径:", os.path.abspath("message.txt"))
    print("文件大小:",fileinfo.st_size," 字节")  # 输出文件的基本信息
    print("最后一次修改时间: ",fileinfo.st_mtime)
```

运行结果如图 11.20 所示。

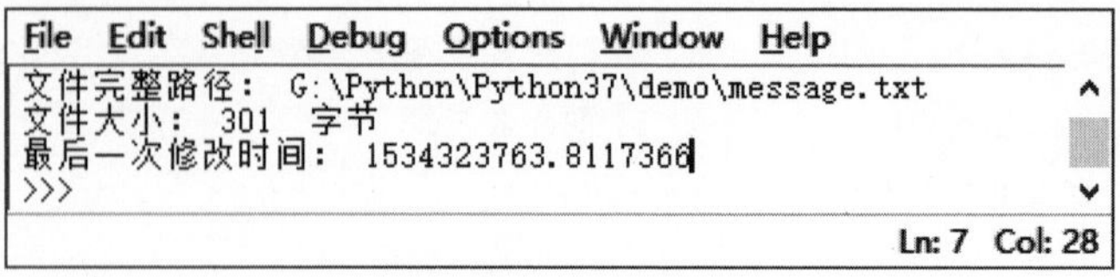

图 11.20 运行结果

11.4 os.path 模块中的函数

os.path 模块提供了一些与目录操作相关的函数，如表 11.6 所示。

表 11.6 os.path 模块提供的与目录操作相关的函数

函　数	说　明
isdir()	判断路径是不是目录
abspath()	获取文件的绝对路径
join()	拼接路径
exists()	判断目录是否存在
basename()	提取文件名
dirname()	提取文件路径
split()	分离文件路径和文件名
splitext()	分离文件路径和扩展名
getatime()	返回文件最近访问时间（浮点型秒数）
getmtime()	返回文件最近修改时间
getctime()	返回文件创建时间
getsize()	返回文件大小，如果文件不存在，就返回错误
isabs()	判断是不是绝对路径
isfile()	判断路径是不是文件
islink()	判断路径是不是链接
realpath()	返回真实路径
samefile()	判断目录或文件是否相同

11.4.1 isdir() 函数

os.path 模块提供的 isdir() 函数用于判断一段路径是不是有效路径，即是不是目录。isdir() 函数的语法格式如下。

```
os.path.isdir(path)
```

要判断图 11.21 所示的 test 文件夹所在路径是否有效，代码如下。

```
import os                   # 导入os模块
path='D:/demo/test'
print(os.path.isdir(path))
```

运行结果如下。

```
True
```

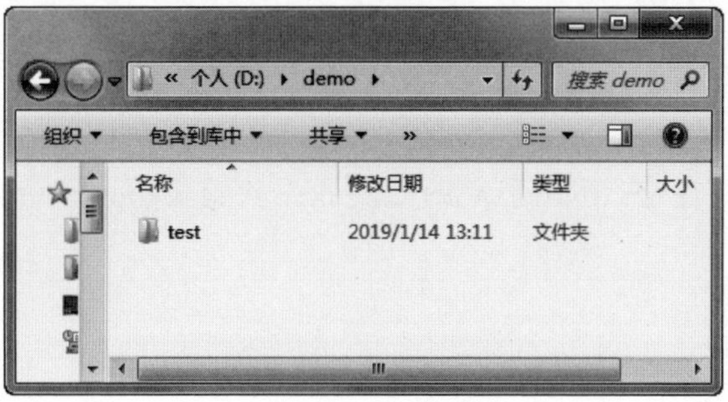

图 11.21　运行结果

11.4.2　abspath() 函数

os.path 模块提供的 abspath() 函数的功能为获取文件的绝对路径。绝对路径是指文件的实际路径。abspath() 函数的基本语法格式如下。

```
os.path.abspath(path)
```

其中，path 为要获取绝对路径的相对路径，可以是文件也可以是目录。

当前工作目录为 C:\Users\Administrator\Desktop，要获取相对路径“demo\test.txt”的绝对路径。代码如下。

```
import os
print(os.path.abspath(r"demo\test.txt")) # 获取绝对路径
```

程序的运行结果如下。

```
C:\Users\Administrator\Desktop\demo\test.txt
```

11.4.3　join() 函数

os.path 模块提供的 join() 函数可以将两个或者多个路径拼接到一起，组成一个新的路径。join() 函数的基本语法格式如下。

```
os.path.join(path1[,path2[,...]])
```

其中，path1、path2 代表要拼接的文件路径，路径间使用逗号进行分隔。如果在要拼接的路径中没有一个绝对路径，那么最后拼接出来的将是一个相对路径。如果存在多个绝对路径，那么以从左到右为序最后一次出现的路径为准，并且该路径之前的参数都将被忽略。

当把两个路径拼接为一个路径时，不要直接使用字符串拼接，而使用 os.path.join() 函数，这样可以正确处理不同操作系统的路径分隔符。

注意

当使用 os.path.join() 函数拼接路径时，并不会检测该路径是否真实存在。

要将“C:\Users\Administrator\Desktop”和“demo\test.txt”路径拼接到一起，代码如下。

```
import os
print(os.path.join(r"C:\Users\Administrator\Desktop",r"demo\test.txt"))
# 拼接路径
```

程序的运行结果如下。

```
C:\Users\Administrator\Desktop\demo\test.txt
```

要对多个绝对路径进行拼接，代码如下。

```
import os
print(os.path.join("D:\\python\\demo","test","E:\\","test.txt")) # 拼接路径
```

程序的运行结果如下。

```
E:\test.txt
```

11.4.4 basename() 函数

os.path 模块提供的 basename() 函数用于从路径中提取文件名。basename() 函数的语法格式如下。

```
os.path.basename(path)
```

path 表示文件路径。

要提取“D: /demo/test.txt”和“D: /demo”的文件名，代码如下。

```
import os                          # 导入os模块
path1='D:/demo/test.txt'
```

```
path2='D:/demo'
print(os.path.basename(path1))
print(os.path.basename(path2))
```

程序的运行结果如下。

```
test.txt
demo
```

在上面的代码中，path2 中的 demo 被当作文件名来处理。如果 path 以“/”或“\”结尾，就会返回空值。

以下代码返回空值。

```
import os                          # 导入os模块
path='D:/demo/'
print(os.path.basename(path))
```

11.4.5　dirname() 函数

os.path 模块提供的 dirname() 函数用于从路径中提取文件路径，不包括文件名。dirname() 函数的语法格式如下。

```
os.path.dirname(path)
```

path 表示文件路径。

要提取“test.txt”的路径，代码如下。

```
import os                          # 导入os模块
path='D:/demo/test.txt'
print(os.path.dirname(path))
```

程序的运行结果如下。

```
D:/demo
```

11.4.6　split() 函数

os.path 模块提供的 split() 函数用于分离文件路径和文件名。split() 函数的语法格式如下。

```
os.path.split("path")
```

path 表示要分离的文件路径。默认返回元组（dirname,basename）。

要分离文件路径和文件名，代码如下。

```
import os
path="D:/demo/test.txt"                    #要分离的文件路径
root=os.path.split(path)                   #分离文件路径与文件名
print(root)
```

程序的运行结果如下。

```
('D:/demo', 'test.txt')
```

11.4.7 splitext() 函数

os.path 模块提供的 splitext( ) 函数用于分离文件路径与扩展名。splitext() 函数的语法格式如下。

```
os.path.splitext(path)
```

path 表示要分离的文件路径。默认返回元组 (fname,fextension)。

要分离文件路径和扩展名，代码如下。

```
import os
path="D:/demo/test.txt"                        #要分离的文件路径
root=os.path.splitext(path)                    #分离文件路径与扩展名
print(root)
```

程序的运行结果如下。

```
('D:/demo/test', '.txt')
```

第 12 章

函　数

在 Python 中，函数的应用非常广泛。在前面我们已经多次接触过函数。例如，用于输出的 print() 函数、用于输入的 input() 函数，以及用于生成一系列整数的 range() 函数。这些都是 Python 内置的标准函数，可以直接使用。除了直接使用的标准函数外，Python 还支持自定义函数，即通过将一段有规律的、重复的代码定义为函数，达到一次编写、多次调用的目的。使用函数可以提高代码的重复利用率。

12.1　函数的创建和调用

在处理数字时，若需要对输入的数字的绝对值进行处理，我们可以编写如下代码。

```
num=float(input('请输入一个数字：'))
if float(num)<0 :
    num=-num
print('输入数字的绝对值：',num)
```

其实 Python 提供了函数 abs() 来处理绝对值问题，上面的代码可以通过 abs() 函数简化。

```
num=float(input('请输入一个数字：'))
print('输入数字的绝对值：',abs(num))
```

运行上面的两段代码，结果都是一样的，如图 12.1 所示。

如果要对一个数字列表的所有元素求和，可以编写如下代码。

```
list=[1,2,3,4,5,6,7,8,9,10,11,12,13,14,15,16,17,18,19,20]
num=0
for item in list:
```

```
    num=num+item
print(num)
```

其实，上面的代码可以通过 sum() 函数简化，sum() 函数可以对列表、元组等求和。修改后的代码如下。

```
list=[1,2,3,4,5,6,7,8,9,10,11,12,13,14,15,16,17,18,19,20]
print(sum(list))
```

运行上面的两段代码，结果也都是一样的，如图 12.2 所示。

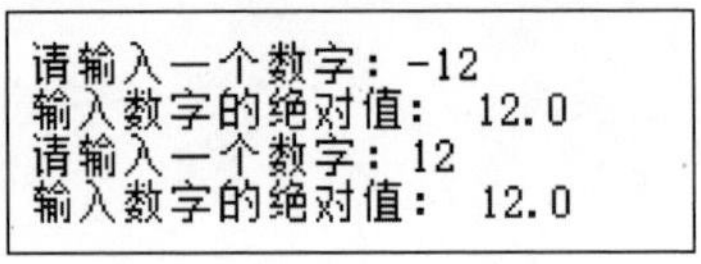

图 12.1 绝对值处理运行结果

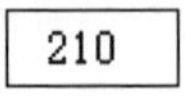

图 12.2 元素求和运行结果

我们发现，调用函数可以使程序更简单、代码的重复利用率更高。但如何编写函数呢？

12.1.1 创建函数

创建函数也称为定义函数，可以理解为创建一个具有某种用途的工具，可使用 def 关键字实现，具体的语法格式如下。

```
def functionname([parameterlist]):
    ['''comments''']
    [functionbody]
```

参数说明如下。

- functionname：函数名称，在调用函数时使用。
- parameterlist：可选参数，用于指定向函数中传递的参数。如果有多个参数，参数间使用逗号“,”分隔；如果不指定，则表示该函数没有参数，在调用时，也不指定参数。注意，即使函数没有参数，也必须保留一对空的圆括号“()”，否则将显示图 12.3 所示的错误提示对话框。

图 12.3 错误提示对话框

- '''comments'''：可选参数，表示为函数指定注释，注释的内容通常是该函数的功能、要传递的参数的作用等，可以为用户提供提示和帮助。

- functionbody：可选参数，用于指定函数体，即该函数被调用后，要运行的功能代码。如果函数有返回值，可以使用 return 语句返回。

> **注意**
>
> 函数体（functionbody）和注释（'''comments'''）相对于 def 关键字必须保持一定的缩进。

> **说明**
>
> 如果想定义没有任何功能的空函数，可以使用 pass 语句作为占位符。

通过创建函数的方法，我们可以自己编写一个求绝对值的函数 absx()，并且可以直接输出结果，实现代码如图 12.4 所示。

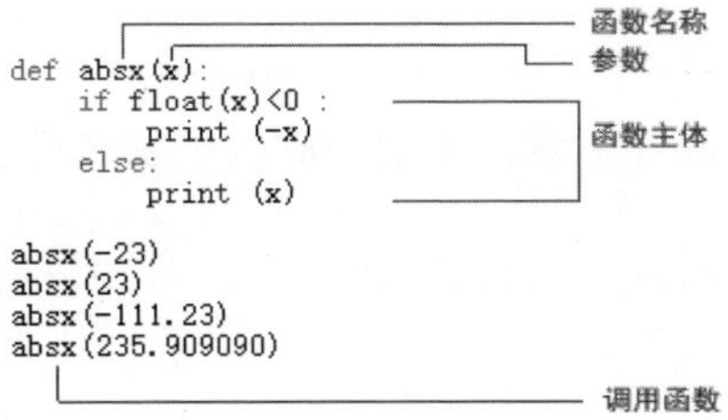

图 12.4　求绝对值的函数 absx()

通过创建函数的方法，也可以编写一个求数字列表元素和的函数 sumx()，直接输出求和的结果。实现代码如图 12.5 所示。

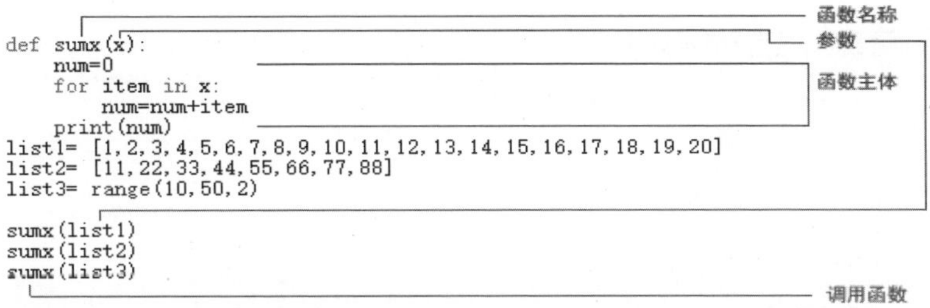

图 12.5　求数字列表元素和的函数 sumx()

运行上面的代码，既不会显示任何内容，也不会抛出异常，因为函数只有被调用才能真正发挥作用。

12.1.2　调用函数

调用函数也就是执行函数。如果把创建函数理解为创建一个具有某种用途的工具，那么调用函数就相当于使用该工具。调用函数的基本语法格式如下。

```
functionname([parametersvalue])
```

参数说明如下。

- functionname：要调用的函数名称，必须是已经创建好的。
- parametersvalue：可选参数，用于指定各个参数的值。如果需要传递多个参数值，则参数值间使用逗号分隔；如果该函数没有参数，则直接写一对圆括号即可。

例如，要调用在 12.1.1 节创建的 absx() 函数，可以在创建函数的代码下使用下面的代码。

```
absx(-23)
absx(23)
absx(-111.23)
absx(235.909090)
```

调用 absx() 函数后，运行结果如下。

```
absx(-23)
absx(23)
absx(-111.23)
absx(235.909090)
```

要调用在 12.1.1 节创建的 sumx() 函数，可以在创建函数的代码下使用下面的代码。

```
list1=[1,2,3,4,5,6,7,8,9,10,11,12,13,14,15,16,17,18,19,20]
list2=[11,22,33,44,55,66,77,88]
list3=range(10,50,2)

sumx(list1)
sumx(list2)
sumx(list3)
```

调用 sumx() 函数后，运行结果如下。

```
210
396
580
```

12.1.3 pass 空语句

在 Python 中有一个 pass 语句，它表示空语句，一般起到占位作用。若创建一个函数，但我们暂时不知道该函数要实现什么功能，就可以使用 pass 语句填充函数的主体，表示“以后会填上”，示例代码如下。

```
def func():
    # pass                             # 占位符
```

注意

在 Python 3.x 中，允许在使用表达式的任何位置使用...（3 个连续的点号，为英文省略号）来省略代码。由于省略号自身没有任何功能，因此可以将其当作 pass 语句的一种替代方案。上面的示例代码可以用下面的代码代替。

```
def func():
    ...
```

12.2　参数传递

在调用函数时，大多数情况下，主调函数和被调函数之间有数据传递关系，这就是有参数的函数形式。函数参数的作用是传递数据给函数，函数利用接收的数据进行具体的操作处理。

在定义函数时，把函数参数放在函数名后面的一对圆括号中，如图 12.6 所示。

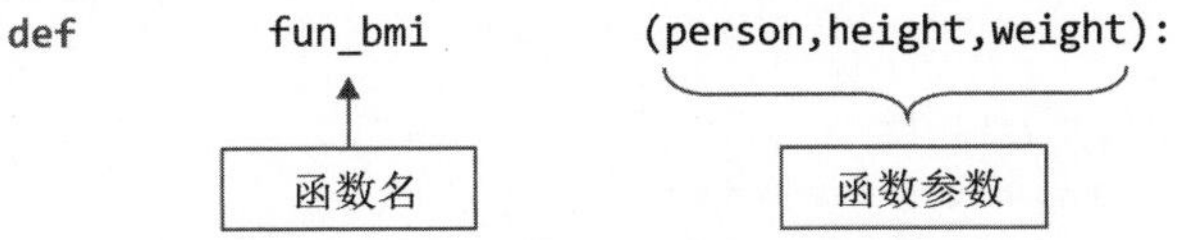

图 12.6　函数参数

12.2.1　了解形参和实参

在使用函数时，经常会用到形参和实参。两者都叫作参数，对于它们之间的区别，我们将先通过它们各自的作用来理解，再通过一个比喻理解。

1. 通过作用理解

形参和实参在作用上的区别如下。

- 在定义函数时，函数名后面圆括号中的参数为形参。
- 在调用一个函数时，函数名后面圆括号中的参数为实参，也就是函数的调用者提供给函数的参数。

通过图 12.7 可以更好地理解这两种参数的区别。

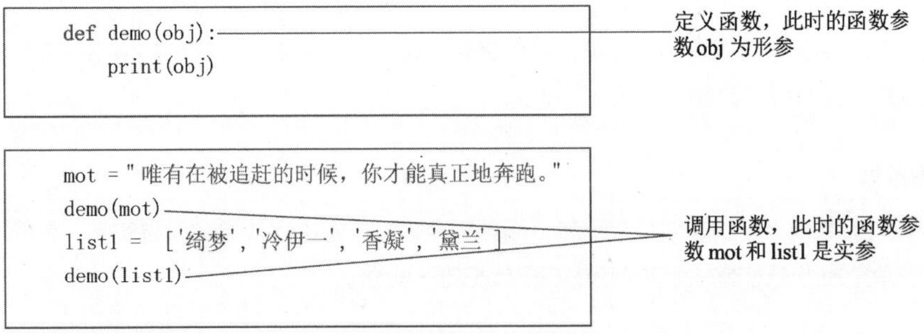

图 12.7　形参与实参的区别

根据实参的类型，实参的传递可以分为将实参的值传递给形参和将实参的引用传递给形参两种情况。当实参为不可变对象时，进行的是值传递；当实参为可变对象时，进行的是引用传递。实际上，值传递和引用传递的基本区别就是，进行值传递后，形参的值改变，实参的值不变；而进行引用传递后，形参的值改变，实参的值也一同改变。

例如，要定义一个名称为 demo() 的函数，然后向 demo() 函数传递一个字符串类型的变量作为参数（代表值传递），并在函数调用前后分别输出该字符串变量，再向 demo() 函数传递一个列表类型的变量作为参数（代表引用传递），并在函数调用前后分别输出该列表，代码如下。

```
# 定义函数
def demo(obj):
    print("原值:",obj)
    obj+=obj
    # 调用函数
    print("=========值传递========")
    mot="唯有在被追赶的时候，你才能真正地奔跑。"
    print("函数调用前:",mot)
    demo(mot)          # 采用不可变对象——字符串
    print("函数调用后:",mot)
    print("=========引用传递========")
    list1=['甲','乙','丙']
    print("函数调用前:",list1)
    demo(list1)        # 采用可变对象——列表
    print("函数调用后:",list1)
```

上面代码的运行结果如下。

```
=========值传递========
函数调用前：唯有在被追赶的时候，你才能真正地奔跑。
原值：唯有在被追赶的时候，你才能真正地奔跑。
函数调用后：唯有在被追赶的时候，你才能真正地奔跑。
=========引用传递 ========
函数调用前：['甲', '乙', '丙']
原值：['甲', '乙', '丙']
函数调用后：['甲', '乙', '丙', '甲', '乙', '丙']
```

从上面的运行结果中可以看出，在进行值传递时，改变形参的值后，实参的值不改变；在进行引用传递时，改变形参的值后，实参的值会发生改变。

2. 通过比喻理解

定义函数时参数列表中的参数就是形参，而调用函数时传递进来的参数就是实参，就像剧本选主角一样，剧本的角色相当于形参，而演角色的演员就相当于实参。

12.2.2 位置参数

位置参数也称必备参数，必须按照正确的顺序传到函数中，即调用时的数量和位置必须和定义时是一样的。下面对其进行介绍。

1. 数量必须与定义时一致

在调用函数时，指定的实参数量必须与形参数量一致，否则将抛出 TypeError 异常，提示缺少必要的位置参数。

例如，定义函数 fun_bmi(person,height,weight)，该函数中有 3 个参数，但在调用时，只传递两个参数。

```
fun_bmi("路人甲",1.83)            # 计算路人甲的BMI
```

运行时，将显示图 12.8 所示的异常。

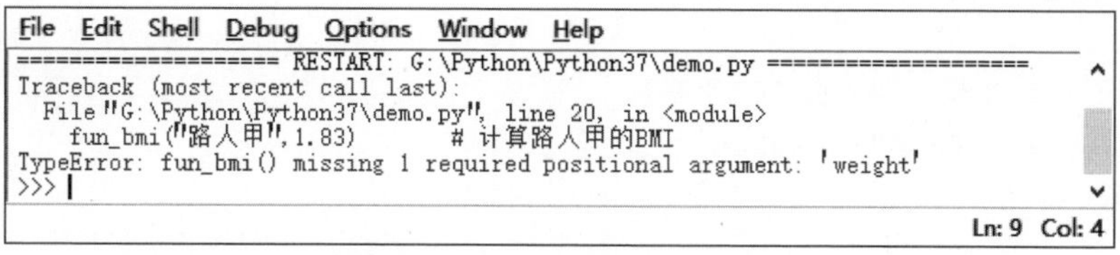

图 12.8　缺少必要的参数时的异常

从图 12.8 所示的异常中可以看出，抛出的异常类型为 TypeError，具体的意思是“fun_bmi() 方法缺少一个必要的位置参数 weight”。

2. 位置必须与定义时一致

在调用函数时，指定的实参位置必须与形参位置一致，否则将产生以下两种结果。

- 抛出 TypeError 异常。
- 结果与预期不符。

如果指定的实参与形参的位置不一致，但是它们的数据类型一致，就不会抛出异常，而会产生结果与预期不符的问题。

例如，要调用 fun_bmi(person,height,weight) 函数，将第 2 个参数和第 3 个参数的位置交换，代码如下。

```
fun_bmi("路人甲",60,1.83)         # 计算路人甲的BMI
```

调用函数后，将显示图 12.9 所示的结果。从结果中可以看出，虽然没有抛出异常，但是得到的结果与预期不符。

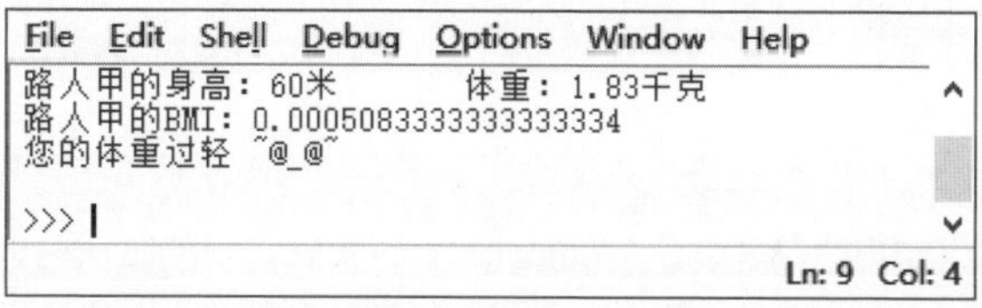

图 12.9　与预期不符的结果

> **说明**
>
> 因为在调用函数时，传递的实参位置与形参位置不一致并不总会抛出异常，所以在调用函数时要确定好位置，否则容易产生 bug，而且不容易被发现。

12.2.3 关键字参数

关键字参数是指使用形参的名字来确定输入的参数。当通过该方式指定实参时，不再需要实参与形参的位置完全一致，只要将参数名写正确即可。这可以避免用户需要牢记参数位置的麻烦，使函数的调用和参数的传递更加灵活方便。

例如，要调用 fun_bmi(person,height,weight) 函数，通过关键字参数指定各个实参，代码如下。

```
fun_bmi(height=1.83, weight=60, person="路人甲")  # 计算路人甲的BMI
```

调用函数后运行代码，将显示以下结果。

```
路人甲的身高：1.83米      体重：60千克
路人甲的BMI：17.916330735465376
您的体重过轻 ~@_@~
```

虽然在指定实参时的顺序与定义函数时的顺序不一致，但是运行结果与预期是一致的。

12.2.4 为参数设置默认值

在调用函数时，如果没有指定某个参数，将抛出异常，即在定义函数时，如果直接指定形参的默认值，那么当没有传入参数时，直接使用定义函数时设置的默认值。定义带有参数默认值的函数的语法格式如下。

```
def functionname(…,[parameter1=defaultvalue1]):
    [functionbody]
```

参数说明如下。

- functionname：函数名称，在调用函数时使用。
- parameter1=defaultvalue1：可选参数，用于指定向函数中传递的参数，并且为该参数设置默认值 defaultvalue1。
- functionbody：可选参数，用于指定函数体，即该函数被调用后，要执行的功能代码。

> **注意**
>
> 在定义函数时，指定的默认形参必须在所有参数的最后，否则将产生语法错误。

> **! 多学两招**
>
> 在 Python 中，可以使用“函数名.__defaults__”查看函数的默认参数的当前值，其结果是一个元组。例如，要查看上面定义的 fun_bmi() 函数的默认参数的当前值，可以使用“fun_bmi.__defaults__”，结果为“('路人',)”。

另外，当使用可变对象作为函数参数的默认值时，多次调用可能会导致意料之外的情况。例如，要编写一个名称为 demo() 的函数，并为其设置一个带默认值的参数，代码如下。

```
def demo(obj=[]):                    # 定义函数并为参数obj指定默认值
    print("obj的值:",obj)
    obj.append(1)
```

调用 demo() 函数，代码如下。

```
demo()             # 调用函数
```

运行代码，将显示以下结果。

```
obj的值: []
```

要连续两次调用 demo() 函数，并且都不指定实参，代码如下。

```
demo()             # 调用函数
demo()             # 调用函数
```

运行代码，将显示以下结果。

```
obj的值: []
obj的值: [1]
```

从上面的结果来看，这显然不是我们想要的。为了防止出现这种情况，最好使用 None 作为函数参数的默认值，这时还需要进行代码的检查。修改后的代码如下。

```
def demo(obj=None):     # 定义一个函数
    if obj==None:       # 判断参数是不是空值
        obj=[]
        print("obj的值: ",obj)  # 输出obj的值
        obj.append(1)       # 连续调用并输出
```

这时，再连续两次调用 demo() 函数，将显示以下运行结果。

```
obj的值: []
obj的值: []
```

说明

在定义函数时，要为形参设置默认值，默认值必须指向不可变对象。

12.2.5　可变参数

在 Python 中，还可以定义可变参数。可变参数也称为不定长参数，即传入函数中的实参可以有零个、一个、两个到任意个。

在定义可变参数时，主要有两种形式：一种是 *parameter，另一种是 **parameter。下面分别进行介绍。

1. *parameter

*parameter 这种形式表示接收任意个实参并将其放到一个元组中。例如，要定义一个函数，让其可以接收任意个实参，代码如下。

```
def printplayer(*name):        # 定义输出我喜欢的球员的函数
    print('\n我喜欢的球员:')
    for item in name:
        print(item)            # 输出球员名字
```

3 次调用上面的函数，分别指定不同个数的实参，代码如下。

```
printplayer('甲')
printplayer('甲', '乙', '丙', '丁')
printplayer('甲', '戊', '己', '庚')
```

运行结果如图 12.10 所示。

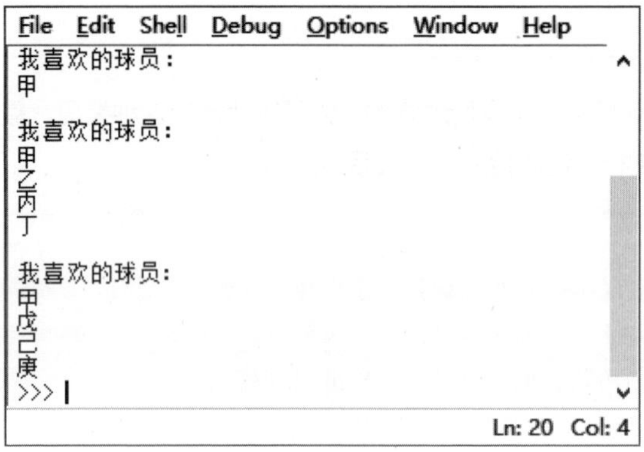

图 12.10　让函数具有可变参数

如果想要使用一个已经存在的列表作为函数的可变参数，可以在列表的名称前加“*”，例如，使用下面的代码。

```
param=['甲', '丙', '丁']              # 定义一个列表
printplayer(*param)                  # 通过列表指定函数的可变参数
```

通过上面的代码调用 printplayer() 函数后，将显示以下运行结果。

```
我喜欢的球员:
甲
丙
丁
```

2. **parameter

**parameter 这种形式表示接收任意个显式赋值的实参，并将其放到一个字典中。例如，要定义一个函数，让其可以接收任意个显式赋值的实参，代码如下。

```
def printsign(**sign):                              # 定义输出名字和绰号的函数
print()                                             # 输出一个空行
for key, value in sign.items():                     # 遍历字典
    print("["+key+"] 的绰号：" + value)              # 输出组合后的信息
```

两次调用 printsign() 函数，代码如下。

```
01  printsign(甲='子', 戊='辰')
02  printsign(丙='寅', 丁='卯', 庚='午')
```

运行结果如下。

```
[甲] 的绰号：子
[戊] 的绰号：辰

[丙] 的绰号：寅
[丁] 的绰号：卯
[庚] 的绰号：午
```

如果想要使用一个已经存在的字典作为函数的可变参数，可以在字典的名称前加“**”，例如，使用下面的代码。

```
dict1={'甲': '子', '戊': '辰','丙':'寅'} # 定义一个字典
printsign(**dict1)                      # 通过字典指定函数的可变参数
```

通过上面的代码调用 printsign() 函数后，将显示以下运行结果。

```
[甲] 的绰号：子
[戊] 的绰号：辰
[丙] 的绰号：寅
```

12.3 返回值

到目前为止，我们创建的函数都只为我们服务，完成了就结束。但实际上，有时还需要对结果进行获取。这类似于主管向下级职员下达命令，职员去做，并将结果报告给主管。为函数设置返回值的目的就是将函数的处理结果返回给调用它的程序。

在 Python 中，可以在函数体内使用 return 语句为函数指定返回值。该返回值可以是任意类型的，并且无论 return 语句出现在函数的什么位置，只要执行它，就会直接结束函数的执行。

return 语句的语法格式如下。

```
result=return [value]
```

参数说明如下。

- result：用于保存返回结果。如果返回一个值，那么 result 中保存的就是返回的一个值，该值可以是任意类型的；如果返回多个值，那么 result 中保存的是一个元组。
- value：可选参数，用于指定要返回的值，可以返回一个值，也可返回多个值。

> **说明**
>
> 当函数中没有 return 语句或者省略 return 语句的参数时，将返回 None，即返回空值。

例如，要定义一个函数，用来根据用户输入的球员名字，获取其绰号，然后在函数体外调用该函数，并获取返回值，代码如下。

```
def fun_checkout(name):
    nickName=""
    if  name=="甲":              # 如果输入的是甲
        nickName="子"
    elif name=="丙":             # 如果输入的是丙
        nickName="寅"
     elif name=="戊":            # 如果输入的是戊
         nickName="辰"
     else:
        nickName="无法找到您输入的信息"
        return nickName                   # 返回球员对应的绰号
# ****************************调用函数*********************************#
while True:
    name=input("请输入球员名字：")        # 接收用户输入
    nickname=fun_checkout(name)          # 调用函数
    print("球员：", name, "绰号：", nickname)  # 显示球员名字及对应的绰号
```

运行结果如图 12.11 所示。

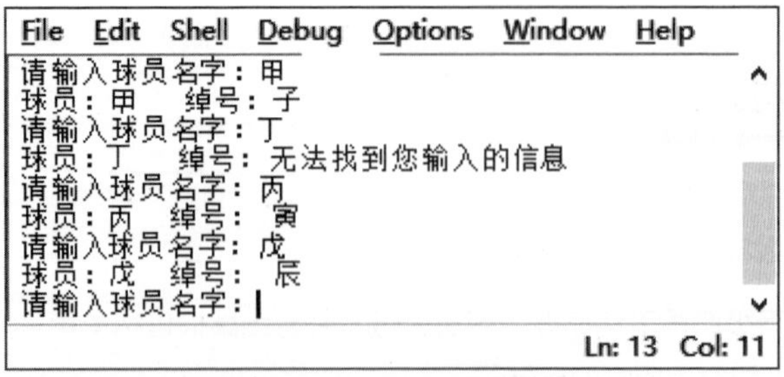

图 12.11　获取函数的返回值

图12.12中的代码根据输入的身份证号，判断一个人的所在地、生日、性别等信息，其中判断所在地的代码部分用了两次。

```
dic={'11':'北京市','12':'天津市','13':'河北省','14':'山西省','15':'内蒙古自治区','22':'吉林省'
area=''
instr=input('请输入您的身份证号:\n')
if instr[:16].isdigit() and len(instr)==18:
    if dic.get(instr[0:2]):
        area=dic[instr[0:2]]
    print('你来自:',area)
    print('你的生日:' + instr[6:10] + '年' +instr [10:12] + '月' + instr[12:14] + '日')
    gender = '女' if int(instr[16])%2==0 else '男'
    print('你的性别:' + gender )

code=input('请输入您所在地区号:\n')
if code.isdigit() and len(code)==2:
    if dic.get(code):
        area=dic[code]
    print('你来自:',area)
```

代码重复

图12.12 输入身份证号，判断一个人的所在地、生日、性别等信息

可以将所在地判断编写成函数的形式，重复调用，提高程序的简洁性和代码的重复利用率，修改如下。

```
dic={'11':'北京市','12':'天津市','13':'河北省','14':'山西省','15':'内蒙古自治区','21': '辽宁省','22':'吉林省','23':'黑龙江省','31':'上海市', '32':'江苏省','33':'浙江省','34': '安徽省','35':'福建省','36':'江西省','37':'山东省','41':'河南省','42':'湖北省','43': '湖南省','44':'广东省','45':'广西壮族自治区','46':'海南省','50':'重庆市','51':'四川省','52': '贵州省','53':'云南省','54':'西藏自治区','61':'陕西省','62':'甘肃省','63':'青海省','64': '宁夏回族自治区','65':'新疆维吾尔自治区','83':'台湾省','81':'香港特别行政区','82':'澳门特别行政区' }
def idget(str):
    newstr=''
    if dic.get(str):
        newstr=dic[str]
    return newstr
instr=input('请输入您的身份证号:\n')

if instr[:16].isdigit()and len(instr)==18:
    print('你来自:',idget(instr[0:2]))
    print('你的生日:'+instr[6:10]+'年'+instr [10:12]+'月'+
         instr[12:14]+'日')
    gender='女' if int(instr[16]) %2==0 else '男'
    print('你的性别:'+gender )

code=input('请输入您所在地区号:\n')

if code.isdigit()and len(code)==2:
    print('你来自:',idget(code))
```

12.4 变量的作用域

变量的作用域是指程序代码能够访问该变量的区域，如果超出该区域，再访问时就会出现错误。在程序中，一般会根据有效范围，将变量分为“局部变量”和“全局变量”。

12.4.1 局部变量

局部变量是指在函数内部定义并使用的变量，它只在函数内部有效。函数内部的名字只在函数运行时才会创建，在函数运行之前或者运行完毕之后，所有的名字就都不存在了。所以，如果在函数外部使用函数内部定义的变量，就会抛出 NameError 异常。

例如，要定义一个名称为 f_demo() 的函数，在该函数内部定义一个变量 message（称为局部变量），并为其赋值，然后输出该变量，最后在函数体外部再次输出该变量，代码如下。

```
def f_demo():
    message='唯有在被追赶的时候，你才能真正地奔跑。'
    print('局部变量message=',message)      # 输出局部变量的值
f_demo()                                   # 调用函数
print('局部变量message=',message)          # 在函数体外输出局部变量的值
```

运行结果如图 12.13 所示。

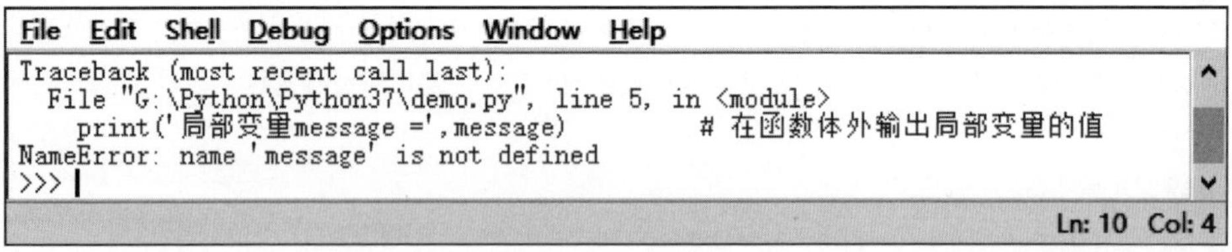

图 12.13 运行结果

12.4.2 全局变量

与局部变量对应，全局变量是能够作用于函数体内外的变量。

如果一个变量在函数体外被定义，那么不仅在函数外可以访问它，在函数体内也可以访问它。在函数体以外定义的变量是全局变量。

例如，要定义一个全局变量 message，然后定义一个函数，在该函数体内和外均可输出全局变量 message 的值，代码如下。

```
message='唯有在被追赶的时候，你才能真正地奔跑。'      # 全局变量
def f_demo():
    print('函数体内：全局变量message=',message)      # 在函数体内输出全局变量的值
    f_demo()                                         # 调用函数
    print('函数体外：全局变量message=',message)      # 在函数体外输出全局变量的值
```

运行上面的代码，将显示以下内容。

```
函数体内：全局变量message=唯有在被追赶的时候，你才能真正地奔跑。
函数体外：全局变量message=唯有在被追赶的时候，你才能真正地奔跑。
```

说明

当局部变量与全局变量重名时，对函数体内的变量进行赋值后，不影响函数体外的变量。

在函数体内定义并且使用global关键字修饰的变量也可以变为全局变量。在函数体外也可以访问该变量，并且在函数体内还可以对其进行修改。

例如，要定义两个同名的全局变量和局部变量，并输出它们的值，代码如下。

```
message='唯有在被追赶的时候，你才能真正地奔跑。'    # 全局变量
print('函数体外：message=',message)             # 在函数体外输出全局变量的值
def f_demo():
    message='命运给予我们的不是失望之酒，而是机会之杯。' # 局部变量
    print('函数体内：message=',message)         # 在函数体内输出局部变量的值
f_demo()                    # 调用函数
print('函数体外：message=',message)             # 在函数体外输出全局变量的值
```

运行上面的代码后，将显示以下内容。

```
函数体外：message=唯有在被追赶的时候，你才能真正地奔跑。
函数体内：message=命运给予我们的不是失望之酒，而是机会之杯。
函数体外：message=唯有在被追赶的时候，你才能真正地奔跑。
```

从上面的结果中可以看出，在函数体内定义的变量即使与全局变量重名，也不影响全局变量的值。要在函数体内部改变全局变量的值，需要在定义局部变量时，使用global关键字修饰。例如，将上面的代码修改为以下内容。

```
message='唯有在被追赶的时候，你才能真正地奔跑。'          # 全局变量
print('函数体外：message=',message)                   # 在函数体外输出全局变量的值
def f_demo():
    global message                                    # 将message声明为全局变量
    message='命运给予我们的不是失望之酒，而是机会之杯。'# 全局变量
    print('函数体内：message=',message)               # 在函数体内输出全局变量的值
f_demo()                    # 调用函数
print('函数体外：message=',message)                   # 在函数体外输出全局变量的值
```

运行上面的代码后，将显示以下内容。

```
函数体外：message=唯有在被追赶的时候，你才能真正地奔跑。
函数体内：message=命运给予我们的不是失望之酒，而是机会之杯。
函数体外：message=命运给予我们的不是失望之酒，而是机会之杯。
```

从上面的结果中可以看出，在函数体内修改了全局变量的值。

> **注意**
>
> 尽管 Python 允许全局变量和局部变量重名，但是在实际开发时，不建议这么做，因为这样容易让代码混乱，很难分清哪些是全局变量，哪些是局部变量。

12.5 匿名函数

匿名函数是指没有名字的函数，它主要应用在需要一个函数但是又不想命名这个函数的场合。通常情况下，这样的函数只使用一次。在 Python 中，可使用 lambda 表达式创建匿名函数，其语法格式如下。

```
result=lambda [arg1 [,arg2,…,argn]]:expression
```

参数说明如下。

- result：用于调用 lambda 表达式。
- [arg1 [,arg2,...,argn]]：可选参数，用于指定要传递的参数列表，参数间使用逗号“,”分隔。
- expression：必选参数，用于指定一个实现具体功能的表达式。如果有参数，那么在该表达式中将应用这些参数。

> **注意**
>
> 当使用 lambda 表达式时，参数可以有多个，用逗号“,”分隔，但是表达式只能有一个，即只能返回一个值，而且也不能出现其他非表达式语句（如 for 语句或 while 语句）。

例如，要定义一个计算圆面积的函数，常规的代码如下。

```
import math                          # 导入math模块
def circlearea(r):                   # 计算圆面积的函数
     result=math.pi*r*r              # 计算圆面积
    return result                    # 返回圆面积
r=10                                 # 半径
print('半径为',r,'的圆面积:',circlearea(r))
```

运行上面的代码后，将显示以下内容。

```
半径为10的圆面积: 314.1592653589793
```

使用 lambda 表达式的代码如下。

```
import math                           # 导入math模块
r=10                                  # 半径
result=lambda r:math.pi*r*r           # 计算圆的面积的lambda表达式
print('半径为',r,'的圆面积:',result(r))
```

运行上面的代码后，将显示以下内容。

```
半径为10的圆面积：314.1592653589793
```

从上面的示例中可以看出，虽然使用 lambda 表达式比使用自定义函数的代码减少了一些，但是在使用 lambda 表达式时，需要定义一个变量来调用该 lambda 表达式，否则将输出类似下面的结果。

```
<function <lambda> at 0x0000000002FDD510>
```

技巧

lambda 表达式的主要用途是指定短小的回调函数。

第 13 章

GUI 编程

13.1 初识 GUI

13.1.1 什么是 GUI

GUI 是 Graphical User Interface（图形用户界面）的缩写。GUI 并不只用于输入文本和返回文本，用户在其中还可以看到窗口、按钮、文本框等，而且可以通过鼠标操作，也可以通过键盘输入。GUI 是用户与程序交互的一种方式。GUI 的程序有 3 个基本要素——输入、处理和输出，如图 13.1 所示，图中的输入和输出更丰富、更有趣一些。

图 13.1　GUI 程序的 3 个基本要素

13.1.2 常用的 GUI 框架

对于 Python 的 GUI 开发，有很多工具包供我们选择。其中一些流行的工具包如表 13.1 所示。

表 13.1 流行的 GUI 工具包

工具包	说 明
wxPython	Python 的一个优秀的 GUI 库，允许 Python 程序员很方便地创建完整的、功能健全的 GUI
Kivy	一个开源工具包，能够让使用相同源码创建的程序跨平台运行。它主要关注创新型用户界面（如多点触摸应用程序）开发
Flexx	一个纯 Python 工具包，用来创建图形化界面应用程序，使用 Web 技术进行界面的渲染
PyQt	Qt 库的 Python 版本，支持跨平台
Tkinter	也叫 Tk 接口，是 Tk GUI 工具包标准的 Python 接口
pywin32	允许用户以像 Visual C++ 一样的形式来使用 Python 开发 win32 应用
PyGTK	能让用户用 Python 轻松创建具有 GUI 的程序
pyui4win	一个采用自绘技术的开源界面库

每个工具包都有其优缺点，所以工具包的选择取决于用户的应用场景。本章将详细介绍 wxPython 的使用方法。

13.1.3 安装 wxPython

wxPython 是一个成熟而且特性丰富的跨平台 GUI 工具包，由 Robin Dunn 以及 Harri Pasanen 开发。wxPython 的安装流程非常简单，使用 pip 工具安装 wxPython 只需要一行命令。

```
pip install-U wxPython
```

在 Windows 操作系统的命令提示符窗口下，使用 pip 工具安装 wxPython，如图 13.2 所示。

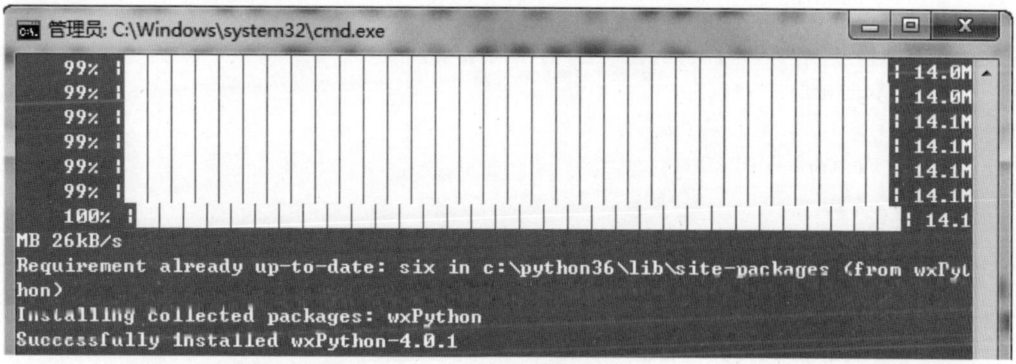

图 13.2 安装 wxPython

13.2 创建应用程序

介绍 wxPython 的使用方法之前，先来了解两个基础对象。

- 应用程序对象：用于管理主事件循环，主事件循环是 wxPython 程序运行的“动力”。如果没有应用程序对象，wxPython 应用程序将不能运行。
- 顶级窗口：通常用于管理和控制极重要的数据，并呈现给用户。

图 13.3 所示为两个基础对象和应用程序的其他部分之间的关系。

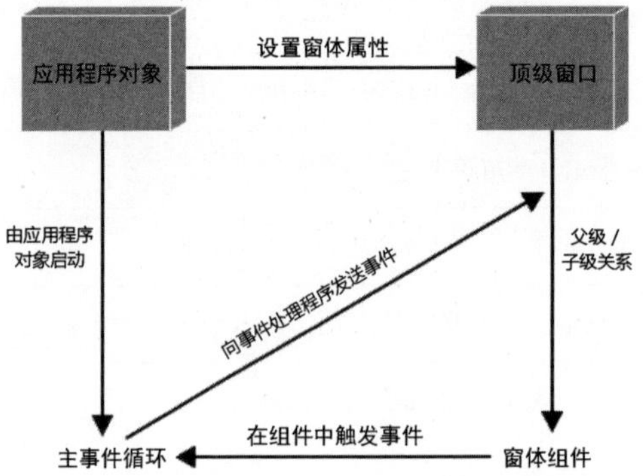

图 13.3　两个基础对象和应用程序的其他部分之间的关系

在图 13.3 中，应用程序对象拥有顶级窗口和主事件循环。顶级窗口管理其窗口中的组件和其他分配给它的数据对象。顶级窗口和它的组件的触发事件基于用户的动作，并接收事件通知以便改变显示。

13.2.1 创建 wx.App 的子类

在开始创建应用程序之前，先创建一个没有任何功能的子类。创建 wx.App 的子类，需要执行如下 4 个步骤。

（1）定义这个子类。

（2）在定义的子类中编写一个初始化方法。

（3）在程序中创建这个类的一个实例。

（4）调用应用程序实例的主循环方法。这个方法会将程序的控制权转交给 wxPython。

要创建一个没有任何功能的子类，具体代码如下。

```
# -*- coding:utf-8 -*-
import wx        # 导入wxPython
class App(wx.App):
    # 初始化方法
    def OnInit(self):
        frame=wx.Frame(parent=None, title='Hello wxPython') # 创建窗口
        frame.Show() # 显示窗口
        return True  # 返回值
```

```
if __name__=='__main__':
    app=App()          # 创建App类的实例
    app.MainLoop()     # 调用App类的主循环方法
```

上述代码中，定义一个子类 App()，它继承父类 wx.App，子类有一个初始化方法 OnInit()，然后在主程序中创建类的实例，再调用主循环方法 MainLoop()，运行结果如图 13.4 所示。

图 13.4　创建子类的结果

13.2.2　直接使用 wx.App 类

通常，如果系统中只有一个窗口，可以不创建 wx.App 的子类，直接使用 wx.App 类。这个类提供了一个基本的 OnInit() 方法，具体代码如下。

```
# -*- coding:utf-8 -*-
import wx                  # 导入wxPython
app=wx.App()               # 初始化wx.App类
frame=wx.Frame(None,title='Hello wxPython')  # 定义一个顶级窗口
frame.Show()               # 显示窗口
app.MainLoop()             # 调用wx.App类的主循环方法
```

上述代码中，wx.App() 初始化 wx.App 类，包含 OnInit() 方法。运行结果与图 13.4 所示的结果相同。

13.2.3　使用 wx.Frame 框架

在 GUI 中，框架通常也称为窗口。框架是一个容器，用户可以在屏幕上任意移动它，并对它进行缩放，它通常包含标题栏、菜单等。在 wxPython 中，wx.Frame 是所有框架的父类。当创建 wx.Frame 的子类时，子类应该调用其父类的构造函数 wx.Frame.__init__()。wx.Frame 的构造函数的语法格式如下。

```
wx.Frame(parent, id=-1, title="", pos=wx.DefaultPosition, size=wx.
DefaultSize, style=wx.DEFAULT_FRAME_STYLE, name="frame")
```

参数说明如下。

- parent：框架的父窗口。如果父窗口是顶级窗口，这个值是 None。
- id：新窗口的 wxPython ID，通常设为 -1，用于让 wxPython 自动生成一个新的 ID。
- title：窗口的标题。
- pos：一个 wx.Point 对象，用于指定这个新窗口的左上角在屏幕中的位置。在 GUI 程序中，通常 (0,0) 表示显示器的左上角。默认的 (-1, -1) 将让系统决定窗口的位置。
- size：一个 wx.Size 对象，用于指定这个窗口的初始尺寸。默认的 (-1, -1) 将让系统决定窗口的初始尺寸。
- style：指定窗口类型的常量，可以进行组合。
- name：框架内在的名字，可以使用它来寻找这个窗口。

创建 wx.Frame 子类的代码如下。

```
# -*- coding:utf-8 -*-
import wx    # 导入wxPython
class MyFrame(wx.Frame):
    def __init__(self,parent,id):
        wx.Frame.__init__(self,parent,id, title="创建Frame",pos=(100,
        100), size=(300, 300))

if __name__=='__main__':
    app=wx.App()                           # 初始化应用
    frame=MyFrame(parent=None,id=-1)       # 实例化MyFrame类，并传递参数
    frame.Show()                           # 显示窗口
    app.MainLoop()                         # 调用主循环方法
```

上述代码中，在主程序中调用 MyFrame 类，并且传递两个参数。在 MyFrame 类中，自动执行 __init__() 方法，接收参数，然后调用父类 wx.Frame 的 __init__() 方法，设置顶级窗口的相关属性。运行结果如图 13.5 所示。

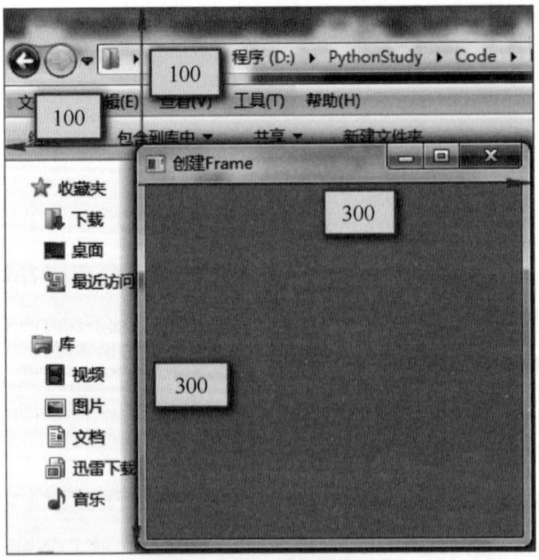

图 13.5　运行结果

13.3　常用控件

创建完窗口以后，我们可以在窗口内添加一些控件。所谓控件，就是经常使用的按钮、文框、复选框等。

13.3.1　wx.StaticText 类

对于所有的 GUI 工具来说，基本的任务就是在屏幕上绘制纯文本内容。在 wxPython 中，这些任务可以使用 wx.StaticText 类来完成。使用 wx.StaticText 类能够改变文本内容的对齐方式、字体和颜色等。wx.StaticText 类的构造函数的语法格式如下。

```
wx.StaticText(parent, id, label, pos=wx.DefaultPosition,size=wx.
DefaultSize, style=0, name="staticText")
```

wx.StaticText 类的构造函数的参数说明如下。

- parent：父窗口部件。
- id：标识符。使用 -1 可以自动创建唯一的标识。
- label：显示在静态控件中的文本内容。
- pos：一个 wx.Point 或一个 Python 元组，它是窗口部件的位置。
- size：一个 wx.Size 或一个 Python 元组，它是窗口部件的尺寸。
- style：样式标记。
- name：对象的名字。

示例13.1 使用 wx.StaticText 类输出“Python 之禅”。在 Python 控制台中输入 import this 后，会输出图 13.6 所示的结果，结果中的英文语句就是通常所说的“Python 之禅”。

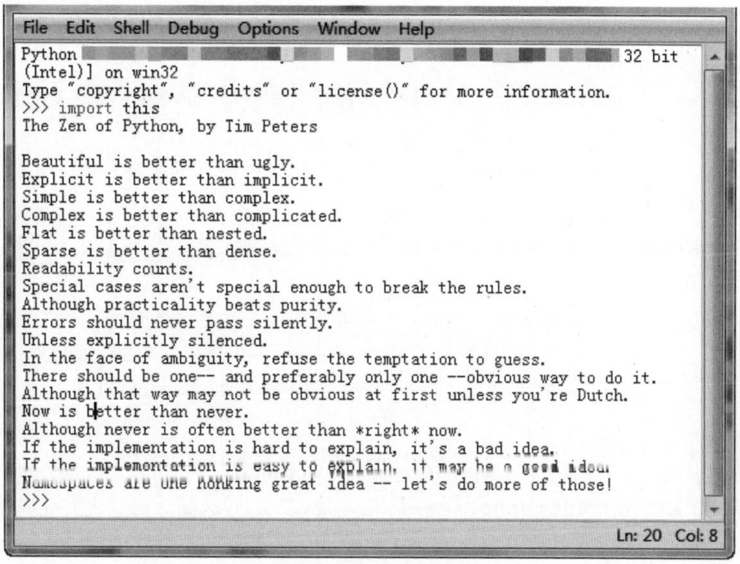

图 13.6　“Python 之禅”

下面使用 StaticText 类输出中文版的“Python 之禅”。具体代码如下。

```
# -*- coding:utf-8 -*-
import wx
class MyFrame(wx.Frame):
    def __init__(self,parent,id):
        wx.Frame.__init__(self, parent, id, title = "创建StaticText类",
                          pos=(100, 100), size=(600, 400))
        panel=wx.Panel(self) # 创建面板
        # 创建标题，并设置字体
        title=wx.StaticText(panel, label='Python之禅——Tim Peters',
        pos=(100,20))
        font=wx.Font(16, wx.DEFAULT, wx.FONTSTYLE_NORMAL, wx.NORMAL)
        title.SetFont(font)
        # 创建文本
        wx.StaticText(panel, label='优美胜于丑陋',pos=(50,50))
        wx.StaticText(panel, label='明了胜于晦涩',pos=(50,70))
        wx.StaticText(panel, label='简洁胜于复杂',pos=(50,90))
        wx.StaticText(panel, label='复杂胜于凌乱',pos=(50,110))
        wx.StaticText(panel, label='扁平胜于嵌套',pos=(50,130))
        wx.StaticText(panel, label='间隔胜于紧凑',pos=(50,150))
        wx.StaticText(panel, label='可读性很重要',pos=(50,170))
        wx.StaticText(panel, label='即便假借特例的实用性之名，也不可违背这些规则',
        pos=(50,190))
        wx.StaticText(panel, label='不要包容所有错误，除非你确定需要这样做',
        pos=(50,210))
        wx.StaticText(panel, label='若存在多种可能，不要尝试去猜测',
        pos=(50,230))
        wx.StaticText(panel, label='而是尽量找一种，最好是唯一明显的解决方案',
        pos=(50,250))
        wx.StaticText(panel, label='虽然这并不容易，因为你不是 Python 之父',
        pos=(50,270))
        wx.StaticText(panel, label='做也许好过不做，但不假思索就动手还不如不做',
        pos=(50,290))
        wx.StaticText(panel, label='如果你无法向人描述你的方案，那肯定不是一个好
        方案；反之亦然',pos=(50,310))
        wx.StaticText(panel, label='命名空间是一种绝妙的理念，我们应当多加利用',
        pos=(50,330))

if __name__=='__main__':
    app=wx.App()                          # 初始化应用
    frame=MyFrame(parent=None,id=-1)      # 实例MyFrame类，并传递参数
    frame.Show()                          # 显示窗口
    app.MainLoop()                        # 调用主循环方法
```

上述代码中，使用panel=wx.Panel(self) 来创建面板，并将panel当作父类，然后将组件放入窗体中。此外，还使用 wx.Font 类来设置字体。要创建一个字体实例，需要使用的构造函数的语法格式如下。

```
wx.Font(pointSize, family, style, weight, underline=False, faceName="",
        encoding=wx.FONTENCODING_DEFAULT)
```

参数说明如下。

- pointSize：用于指定字体的整数尺寸，单位为磅。
- family：用于快速指定一个字体而无须知道该字体的实际名称。
- style：用于指定字体是否倾斜。
- weight：用于指定字体的醒目程度。
- underline：仅在 Windows 操作系统下有效，如果取值为 True，则加下画线；否则，不加下画线。
- faceName：用于指定字体名称。
- encoding：允许在几种编码中选择一种，大多数情况可以使用默认编码。

运行结果如图 13.7 所示。

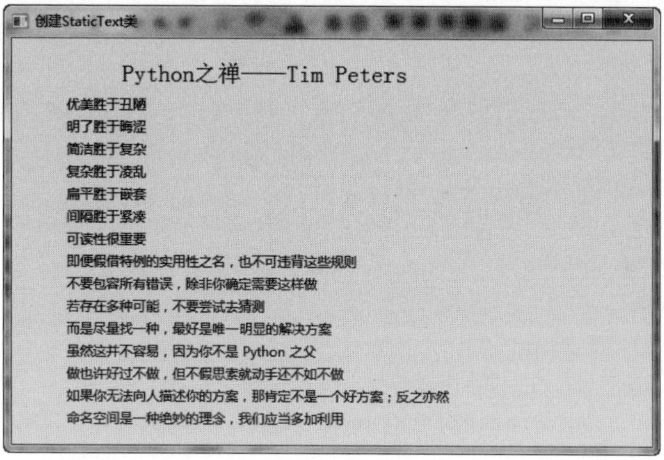

图 13.7　运行结果

13.3.2　wx.TextCtrl 类

wx.StaticText 类只能够用于显示纯粹的静态文本，但是有时需要输入文本与用户进行交互。此时，就需要使用 wx.TextCtrl 类，它允许输入单行和多行文本，也可以作为密码输入控件，掩饰所按的键。

wx.TextCtrl 类的构造函数的语法格式如下。

```
wx.TextCtrl(parent, id, value="", pos=wx.DefaultPosition, size=wx.DefaultSize,
style=0, validator=wx.DefaultValidator name=wx.TextCtrlNameStr)
```

参数 parent、id、pos、size、style 和 name 的作用与 wx.StaticText 构造函数中的相同，下面重点介绍一下其他参数。

- value：显示在该控件中的初始文本。

- style：单行 wx.TextCtrl 的样式，取值及说明如下。
  - wx.TE_CENTER：控件中的文本居中。
  - wx.TE_LEFT：控件中的文本左对齐，为默认值。
  - wx.TE_NOHIDESEL：文本始终高亮显示，只适用于 Windows 操作系统。
  - wx.TE_PASSWORD：不显示所输入的文本，以星号“*”代替显示。
  - wx.TE_PROCESS_ENTER：如果使用该参数，那么当用户在控件内按 Enter 键时，一个文本输入事件将被触发；否则，按键事件由该文本控件或该对话框管理。
  - wx.TE_PROCESS_TAB：如果指定了这个样式，那么通常的字符事件在按 Tab 键时被创建（一般意味着一个制表符将被插入文本）；否则，Tab 键由对话框来管理，通常用于控件间的切换。
  - wx.TE_READONLY：文本控件为只读模式，用户不能修改其中的文本。
  - wx.TE_RIGHT：控件中的文本右对齐。
- validator：常用于过滤数据，以确保只能输入要接收的数据。

示例13.2 使用 wx.TextCtrl 实现登录界面的创建。使用 wx.TextCtrl 类和 wx.StaticText 类实现一个包含用户名与密码文本框的登录界面的创建。具体代码如下。

```
# -*- coding:utf-8 -*-
import wx
class MyFrame(wx.Frame):
    def __init__(self,parent,id):
        wx.Frame.__init__(self, parent,id, title="创建TextCtrl类",
        size=(400, 300))
        #创建面板
        panel=wx.Panel(self)
        # 创建文本和用户名、密码文本框
        self.title=wx.StaticText(panel ,label="请输入用户名和密码",
        pos=(140,20))
        self.label_user=wx.StaticText(panel,label="用户名:",pos=(50,50) )
        self.text_user=wx.TextCtrl(panel,pos=(100,50),size=(235,25),style
        =wx.TE_LEFT)
        self.label_pwd=wx.StaticText(panel,pos=(50,90),label="密码:")
        self.text_password=wx.TextCtrl(panel,pos=(100,90),size=(235,25),
        style=wx.TE_PASSWORD)

if __name__=='__main__':
    app=wx.App()                          # 初始化应用
    frame=MyFrame(parent=None,id=-1)      # 实例化MyFrame类，并传递参数
    frame.Show()                            # 显示窗口
    app.MainLoop()                          # 调用主循环方法
```

上述代码中，使用 wx.TextCtrl 类生成用户名，并且设置控件中的文本左对齐，还使用 wx.TextCtrl

类生成密码，并且用星号代替文本。运行结果如图 13.8 所示。

图 13.8　运行结果

13.3.3　wx.Button 类

按钮是 GUI 中应用较为广泛的控件，它常用于捕获用户生成的单击事件。

wxPython 类库可提供不同类型的按钮，其中较为简单、常用的是 wx.Button 类。wx.Button 的构造函数的语法格式如下。

```
wx.Button(parent, id, label, pos, size=wxDefaultSize, style=0, validator,
name="button")
```

wx.Button 类的参数与 wx.TextCtrl 类的参数基本相同，其中参数 label 用于显示按钮上的文本。

示例 13.3 为登录界面添加“确定”和“取消”按钮。使用 wx.Button 类，在示例 13.2 的基础上添加“确定”和“取消”按钮。具体代码如下。

```
# -*- coding:utf-8 -*-
import wx
class MyFrame(wx.Frame):
    def __init__(self,parent,id):
        wx.Frame.__init__(self, parent,id, title="创建TextCtrl类",
        size=(400, 300))
        #创建面板
        panel=wx.Panel(self)
        # 创建文本和用户名、密码文本框
        self.title=wx.StaticText(panel ,label="请输入用户名和密码",
        pos=(140,20))
        self.label_user=wx.StaticText(panel,label="用户名:",pos=(50,50) )
        self.text_user=wx.TextCtrl(panel,pos=(100,50),size=(235,25),
        style=wx.TE_LEFT)
```

```
        self.label_pwd=wx.StaticText(panel,pos=(50,90),label="密码:")
        self.text_password=wx.TextCtrl(panel,pos=(100,90),size=(235,25),
        style=wx.TE_PASSWORD)
        #创建"确定"和"取消"按钮
        self.bt_confirm=wx.Button(panel,label='确定',pos=(105,130))
        self.bt_cancel=wx.Button(panel,label='取消',pos=(195,130))

if __name__=='__main__':
    app=wx.App()                            # 初始化应用
    frame=MyFrame(parent=None,id=-1)        # 实例化MyFrame类，并传递参数
    frame.Show()                            # 显示窗口
    app.MainLoop()                          # 调用主循环方法
```

运行结果如图 13.9 所示。

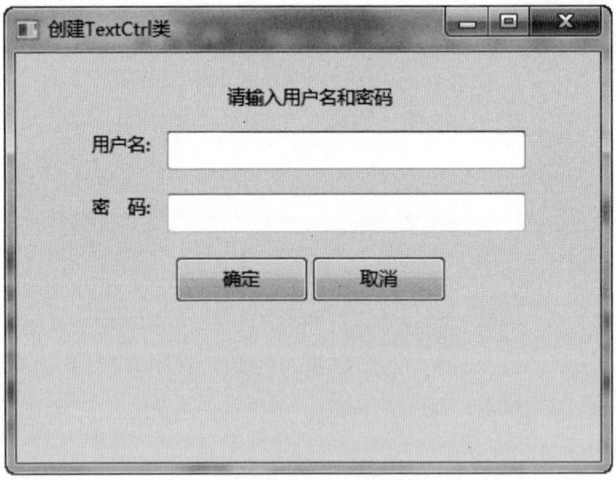

图 13.9 运行结果

13.4 布局

在前面的例子中，使用了文本和按钮等控件，并将这些控件通过 pos 参数布置在面板上。虽然这种设置位置的方式很容易理解，但是过程很麻烦。此外，控件的几何位置是绝对位置，也就是固定的。当调整窗口大小时，界面会变得不美观。在 wxPython 中有一种更智能的布局方式——使用 sizer（尺寸器）。sizer 是用于自动布局一组窗口控件的算法。sizer 可被附加到一个容器（通常是一个框架或面板）上。在父容器中创建的子窗口控件必须被分别添加到 sizer 中。当 sizer 被附加到容器上时，它随后就可以管理它所包含的子布局。

wxPython 提供了 5 个 sizer，如表 13.2 所示。

表 13.2　wxPython 的 sizer

sizer 名称	说　明
BoxSizer	在一条水平或垂直线上的窗口部件的布局。当尺寸改变时，控制窗口部件的行为很灵活，通常用于嵌套的样式。可用于几乎任何类型的布局
GridSizer	一个十分基础的网格布局。当要放置的窗口部件都是同样的尺寸且整齐地放入一个规则的网格中时，可以使用它
FlexGridSizer	对 GridSizer 稍微做了些改变，当窗口部件有不同的尺寸时，可以得到更好的结果
GridBagSizer	GridSizer 系列中最灵活的成员之一，使网格中的窗口部件可以更随意地放置
StaticBoxSizer	一个标准的 BoxSizer，带有标题和环线

13.4.1　BoxSizer

BoxSizer 是 wxPython 所提供的 sizer 中最简单和最灵活的一个。单个 BoxSizer 是一个垂直列或水平行，窗口部件在其中从左至右或从上到下布置在一条线上。虽然这听起来好像用处不大，但是 BoxSizer 的嵌套能力使用户能够很容易在每行或每列放置不同数量的项。由于每个 sizer 都是一个独立的实体，因此布局就有了更多的灵活性。对于大多数的应用程序，使用水平行和垂直列将能够创建你自己所需要的布局。

13.4.2　使用 BoxSizer

sizer 会管理组件的尺寸，只要将其添加到 sizer 上，再加上一些布局参数即可。要使用 BoxSizer 实现简单的布局，代码如下。

```
# -*- coding:utf-8 -*-
import wx
class MyFrame(wx.Frame):
    def __init__(self, parent, id):
        wx.Frame.__init__(self, parent, id, '用户登录', size=(400, 300))
        #创建面板
        panel=wx.Panel(self)
        self.title=wx.StaticText(panel ,label="请输入用户名和密码")
        #添加容器，容器中的控件按纵向排列
        vsizer=wx.BoxSizer(wx.VERTICAL)
        vsizer.Add(self.title,proportion=0,flag=wx.BOTTOM|wx.TOP|wx.ALIGN_
                   CENTER, border=15 )
        panel.SetSizer(vsizer)
if __name__=='__main__':
    app=wx.App()                          # 初始化应用
    frame=MyFrame(parent=None,id=-1)      # 实例化MyFrame类，并传递参数
    frame.Show()                          # 显示窗口
    app.MainLoop()                        # 调用主循环方法
```

运行结果如图 13.10 所示。

图 13.10　运行结果

上述代码中，增加了背景控件（wx.Panel），并创建了一个 wx.BoxSizer，它带有一个决定它是水平行还是垂直列的参数（wx.HORIZONTAL 或者 wx.VERTICAL），默认为水平行，然后使用 Add() 方法将控件加入 sizer，最后使用面板的 SetSizer() 方法设定它的 sizer。

Add() 方法的语法格式如下。

```
Box.Add(control, proportion, flag, border)
```

参数说明如下。

- control：要添加的控件。
- proportion：所添加控件在定义的定位方式所代表的方向上占据的空间比例。如果有 3 个按钮，它们的比例分别为 0、1 和 2，它们都已添加到一个宽度为 30 的 wx.BoxSizer，起始宽度都是 10。当 sizer 的宽度从 30 变成 60 时，按钮 1 的宽度保持不变，仍然是 10，按钮 2 的宽度约为 20[即 10+(60－30)×1/(1+2)]。
- flag：与 border 参数结合使用可以指定边距的值，与 proportion 参数结合使用可以指定控件本身的对齐方式。
- border：控制所添加控件的边距，就是在控件之间添加一些像素的空白。

与 flags 结合使用的 border 参数如下。

- wx.LEFT：左边距。
- wx.RIGHT：右边距。
- wx.BOTTOM：下边距。
- wx.TOP：上边距。
- wx.ALL：上下左右 4 个边距。

可以通过竖线“|”运算符（operator）来联合使用这些标志，如 wx.LEFT | wx.BOTTOM。此外，flag 参数还可以与 proportion 参数结合，来指定控件本身的对齐（排列）方式，包括以下选项。

- wx.ALIGN_LEFT：左对齐。
- wx.ALIGN_RIGHT：右对齐。
- wx.ALIGN_TOP：顶对齐。

- wx.ALIGN_BOTTOM：底边对齐。
- wx.ALIGN_CENTER_VERTICAL：垂直对齐。
- wx.ALIGN_CENTER_HORIZONTAL：水平对齐。
- wx.ALIGN_CENTER：居中对齐。
- wx.EXPAND：所添加控件将占有 sizer 定位方向上所有可用的空间。

示例13.4 使用 BoxSizer 设置登录界面布局。使用 BoxSizer 实现示例 13.3 中的界面布局效果。具体代码如下。

```
# -*- coding:utf-8 -*-
import wx

class MyFrame(wx.Frame):
    def __init__(self, parent, id):
        wx.Frame.__init__(self, parent, id, '用户登录', size=(400, 300))
        # 创建面板
        panel=wx.Panel(self)

        # 创建"确定"和"取消"按钮，并绑定事件
        self.bt_confirm=wx.Button(panel, label='确定')
        self.bt_cancel=wx.Button(panel, label='取消')
        # 创建文本，左对齐
        self.title=wx.StaticText(panel, label="请输入用户名和密码")
        self.label_user=wx.StaticText(panel, label="用户名:")
        self.text_user=wx.TextCtrl(panel, style=wx.TE_LEFT)
        self.label_pwd=wx.StaticText(panel, label="密码:")
        self.text_password=wx.TextCtrl(panel, style=wx.TE_PASSWORD)
        # 添加容器，容器中控件横向排列
        hsizer_user=wx.BoxSizer(wx.HORIZONTAL)
        hsizer_user.Add(self.label_user, proportion=0, flag=wx.ALL, border=5)
        hsizer_user.Add(self.text_user, proportion=1, flag=wx.ALL, border=5)
        hsizer_pwd=wx.BoxSizer(wx.HORIZONTAL)
        hsizer_pwd.Add(self.label_pwd, proportion=0, flag=wx.ALL, border=5)
        hsizer_pwd.Add(self.text_password, proportion=1, flag=wx.ALL,
        border=5)
        hsizer_button=wx.BoxSizer(wx.HORIZONTAL)
        hsizer_button.Add(self.bt_confirm, proportion=0, flag=wx.ALIGN_
        CENTER, border=5)
        hsizer_button.Add(self.bt_cancel, proportion=0, flag=wx.ALIGN_
        CENTER, border=5)
        # 添加容器，容器中控件纵向排列
        vsizer_all=wx.BoxSizer(wx.VERTICAL)
        vsizer_all.Add(self.title,proportion=0,flag=wx.BOTTOM|wx.TOP|
```

```
        wx.ALIGN_CENTER, border=15)
        vsizer_all.Add(hsizer_user,proportion=0,flag=wx.EXPAND|wx.LEFT |
        wx.RIGHT, border=45)
        vsizer_all.Add(hsizer_pwd,proportion=0,flag=wx.EXPAND|wx.LEFT |
        wx.RIGHT, border=45)
        vsizer_all.Add(hsizer_button,proportion=0,flag=wx.ALIGN_CENTER |
        wx.TOP, border=15)
        panel.SetSizer(vsizer_all)

if __name__=='__main__':
    app=wx.App()                              # 初始化应用
    frame=MyFrame(parent=None,id=-1)          # 实例化MyFrame类，并传递参数
    frame.Show()                              # 显示窗口
    app.MainLoop()                            # 调用主循环方法
```

在上述代码中，首先创建按钮和文本控件，然后将其添加到容器中，并且设置横向排列，接着设置纵向排列。在布局的过程中，通过设置每个控件的 flag 和 border 参数，实现控件位置间的布局。至此，绝对位置布局更改为相对位置布局。运行结果如图 13.11 所示。

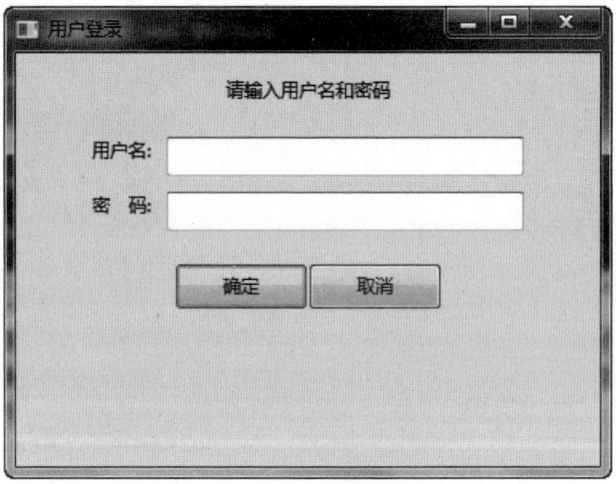

图 13.11　运行结果

13.5 事件处理

13.5.1 事件

完成布局以后，输入用户名和密码。当单击“确定”按钮时，检验输入的用户名和密码是否正确，并输出相应的提示信息。当单击“取消”按钮时，清空已经输入的用户名和密码。要实现这样的功能，就需要使用 wxPython 的事件处理功能。

那么什么是事件呢？用户执行的动作就叫作事件（event），比如，单击按钮就是一个单击事件。

13.5.2　绑定事件

当发生事件时，需要让程序注意这些事件并且做出反应。这时，可以将函数绑定到所涉及事件可能发生的控件上。当事件发生时，函数就会被调用。利用控件的 Bind() 方法可以将事件处理函数绑定到给定的事件上。例如，为“确定”按钮添加一个单击事件，其语法格式如下。

```
bt_confirm.Bind(wx.EVT_BUTTON,OnclickSubmit)
```

参数说明如下。

- wx.EVT_BUTTON：事件类型为按钮类型。在 wxPython 中有很多以 wx.EVT_ 开头的事件类型，例如，类型 wx.EVT_MOTION 产生于用户移动鼠标时，类型 wx.ENTER_WINDOW 和 wx.LEAVE_WINDOW 产生于当鼠标指针进入或离开一个窗口控件时，类型 wx.EVT_MOUSEWHEEL 被绑定到鼠标滚轮的活动上。
- OnclickSubmit：方法名。当事件发生时，执行该方法。

示例13.5　使用事件判断用户登录。在示例 13.4 的基础上，分别为“确定”和“取消”按钮添加单击事件。当用户输入用户名和密码后，单击“确定”按钮，如果输入的用户名为“mr”并且密码为“mrsoft”，则弹出对话框提示“登录成功”；否则，提示“用户名和密码不匹配”。当用户单击“取消”按钮时，清空用户输入的用户名和密码。关键代码如下。

```
# -*- coding:utf-8 -*-
import wx

class MyFrame(wx.Frame):
    def __init__(self, parent, id):
        wx.Frame.__init__(self, parent, id, '用户登录', size=(400, 300))
        # 创建面板
        panel=wx.Panel(self)

        # 创建"确定"和"取消"按钮,并绑定事件
        self.bt_confirm=wx.Button(panel, label='确定')
        self.bt_confirm.Bind(wx.EVT_BUTTON,self.OnclickSubmit)
        self.bt_cancel=wx.Button(panel, label='取消')
        self.bt_cancel.Bind(wx.EVT_BUTTON,self.OnclickCancel)
        # 省略其余代码

    def OnclickSubmit(self,event):
        """ 单击"确定"按钮，执行方法 """
        message=""
        username=self.text_user.GetValue()      # 获取输入的用户名
```

```
        password=self.text_password.GetValue() # 获取输入的密码
        if username=="" or password=="" :      # 判断用户名或密码是不是空值
            message='用户名或密码不能为空值'
        elif username=='mr' and password =='mrsoft': # 用户名和密码正确
            message='登录成功'
        else:
            message='用户名和密码不匹配'             # 用户名或密码错误
        wx.MessageBox(message)                  # 弹出对话框

    def OnclickCancel(self,event):
        """ 单击"取消"按钮，执行方法 """
        self.text_user.SetValue("")        # 清空输入的用户名
        self.text_password.SetValue("")    # 清空输入的密码

if __name__=='__main__':
    app=wx.App()                           # 初始化应用
    frame=MyFrame(parent=None, id=-1)      # 实例化MyFrame类，并传递参数
    frame.Show()                           # 显示窗口
    app.MainLoop()                         # 调用主循环方法
```

上述代码中，使用 Bind() 方法分别为 bt_confirm 和 bt_cancel 绑定单击事件，单击“确定”按钮时，执行 OnclickSubmit() 方法判断用户名和密码是否正确，然后使用 wx.MessageBox() 弹出对话框。单击“取消”按钮时，执行 OnclickCancel() 方法。用户名和密码正确的运行结果如图 13.12 所示，否则运行结果如图 13.13 所示。

图 13.12　用户名和密码正确的运行结果

图 13.13　用户名或密码错误的运行结果

第 14 章

异 常 处 理

14.1 异常

在程序开发过程中，伴随开发者的不仅有攻克一个个开发问题带来的喜悦，还有如影随形的各种错误和 bug。即使仅有几行代码，也存在错误的可能，代码如下。

```
oreder=1
phone='huawei'
print(order+phone)
```

运行程序，将抛出图 14.1 所示的 NameError 异常。

```
NameError: name 'order' is not defined
```

图 14.1　NameError 异常

检查代码，发现第 1 行代码中的变量“order”写成了“oreder”，修改代码中的“oreder”为“order”后，运行程序，将抛出图 14.2 的 TypeError 异常。

```
TypeError: unsupported operand type(s) for +: 'int' and 'str'
```

图 14.2　TypeErrorr 异常

在 Python 中，不允许将字符串变量和整型变量直接连接，修改第 3 行代码中的连接符为“,”即可，代码如下。

```
print(order,phone)
```

运行程序，没再继续抛出异常，输出结果如下。

```
huawei
```

在运行程序的时候，如果 Python 解释器遇到一个错误，会停止程序的运行，并且提示一些错误的信息，这就是异常。以上的错误统称为“异常”。除非将异常消除掉，或者注释掉异常代码，否则这些异常将直接导致程序不能运行。这类异常是显式的，在开发阶段很容易发现。还有一类异常是隐式的，通常和使用者的程序设计算法有关。例如，在 IDLE 中创建一个名称为 division_apple.py 的文件，然后在该文件中定义一个实现除法运算的函数 division()。在该函数中，要求输入被除数和除数，然后进行计算，最后调用 division() 函数，代码如下。

```
def division():
    num1=int(input("请输入被除数: "))   # 用户输入提示，并记录
    num2=int(input("请输入除数: "))
    result=num1//num2                   # 执行除法运算
    print(result)
if __name__=='__main__':
    division()          # 调用函数
```

运行程序，如果在输入除数时，输入为 0，将得到图 14.3 所示的结果。

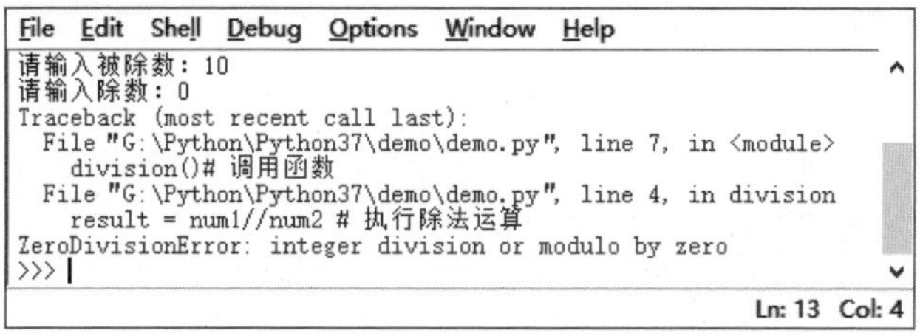

图 14.3　ZeroDivisionError 异常

产生 ZeroDivisionError（除数为 0 异常）的根源在于算术表达式“10/0”中，0 作为除数出现，所以正在执行的程序被中断（第 6 行代码以后，包括第 6 行的代码都不会被执行）。

除了 ZeroDivisionError 外，Python 中还有很多异常。表 14.1 所示为 Python 中常见的异常。

表 14.1　Python 中常见的异常

异　常	说　明
NameError	尝试访问一个没有声明的变量引发的错误
IndexError	索引超出序列范围引发的错误
IndentationError	缩进错误
ValueError	传入的值错误
KeyError	请求一个不存在的关键字引发的错误
IOError	输入 / 输出错误（如要读取的文件不存在）
ImportError	当 import 语句无法找到模块或无法在模块中找到相应的名称时引发的错误
AttributeError	尝试访问未知的对象属性引发的错误
TypeError	类型不合适引发的错误
MemoryError	内存不足
ZeroDivisionError	除数为 0 引发的错误

> **说明**
>
> 表 14.1 所示的异常并不需要记住，只需要简单了解即可。

在开发程序时，隐式异常通常不容易被发现，一旦软件用于商业环境，就会成为软件埋藏的“定时炸弹”。如果不能及时解决这些异常，就有可能给企业造成巨大的损失。为了帮助开发人员有效解决程序开发中遇到的各种异常，从而保证程序的健壮性和稳定性，Python 提供了 try 语句来检测异常。

try 语句有两种主要形式——try...except 和 try...finally。这两条语句是互斥的，也就是说，只能使用其中的一种。一条 try 语句可以对应一条或多条 except 子句，但只能对应一条 finally 子句或一条 try...except...finally 复合语句。

14.2 try...except 语句

14.2.1 简单 try...except 语句

Python 提供了 try...except 语句来捕获并处理异常。通过捕获异常可以针对突发事件做集中处理。在使用时，把可能产生异常的代码放在 try 语句块中，把处理结果放在 except 语句块中。这样，当 try 语句块中的代码出现错误时，就会执行 except 语句块中的代码；如果 try 语句块中的代码没有错误，那么 except 语句块将不会被执行。具体的语法格式如下。

```
try:
    block1
except [ExceptionName [as alias]]:
    block2
```

参数说明如下。

- block1：表示可能出现错误的代码块。
- ExceptionName [as alias]：可选参数，用于指定要捕获的异常。其中，ExceptionName 表示要捕获的异常名称，如果在其右侧加上 as alias，则表示为当前的异常指定一个别名，通过该别名，可以记录异常的具体内容。
- block2：表示进行异常处理的代码块。在这里可以输出固定的提示信息，也可以通过别名输出异常的具体内容。

> **说明**
>
> 在使用 try...except 语句捕获异常时，如果在 except 后面不指定异常名称，则表示捕获全部异常。使用 try...except 语句捕获异常后，当程序出错时，输出错误信息后，程序会继续运行。

例如，在执行除法运算时，对可能出现的异常进行处理，代码如下。

```
def division():
    num1=int(input("请输入被除数:"))        # 用户输入提示，并记录
    num2=int(input("请输入除数:"))
    result=num1/num2                       # 执行除法运算
    print(result)
if __name__=='__main__':
    try:                                   # 捕获异常
        division()                         # 调用除法的函数
    except ZeroDivisionError:              # 处理异常
        print("输入错误：除数不能为0")        # 输出错误原因
```

14.2.2 带有多个 except 语句块的 try 语句块

为了尽可能解决程序开发中遇到的不可预料的异常，可以对能够想到的各种异常进行分类，并使用带有多个 except 语句块的 try 语句块处理这些异常。例如，要将一个变量转换为整型，可能出现的异常有“不能将非数值型转换为 int 的异常（ValueError）”“不能将 object type 转换为整型的异常（TypeError）”，甚至可能会出现“内存不足（MemoryError）”，实现代码如下。

```
def intx(obj):
    try:                                   # 捕获异常
        int(obj)                           # 调用函数
    except ValueError:                     # 处理ValueError异常
        print("\n出错了：不能将非数值型转换为整型！ ")
    except TypeError:                      # 处理TypeError异常
        print("\n出错了：不能将object type转换为整型！")
    except MemoryError:                    # 处理MemoryError异常
        print("\n出错了：内存不足！")
intx('abc')
intx(['huawei'])
intx('123')
```

运行程序，结果如下。

```
出错了：不能将非数值型转换为整型！
出错了：不能将object type转换为整型！
```

14.2.3 处理多个异常的 except 语句块

我们还可以在一个 except 语句块里处理多个异常，将多个异常放在一个元组里，实现代码如下。

```
def intx(obj):
    try:                              # 捕获异常
        int(obj)                      # 调用函数
    except (ValueError,TypeError):    # 处理两个异常
        print("\n出错了：只能将数值型转换为整型！")
    except MemoryError:               # 处理MemoryError异常
         print("\n出错了：内存不足！")   # 输出错误原因
intx('abc')
intx(['huawei'])
```

运行程序，结果如下。

```
出错了：只能将数值型转换为整型！
出错了：只能将数值型转换为整型！
```

14.2.4　捕获所有异常

在开发程序的时候，很难考虑所有的特殊情况，这给开发者带来了比较大的困难。通过捕获所有异常进行异常处理就简单多了。通过 intx() 函数，可统一处理捕获的所有异常，实现代码如下。

```
def intx(obj):
    try:                          # 捕获异常
        int(obj)                  # 调用函数
    except Exception as e:        # 处理所有异常
        print("\n出错了：只能将数值型转换为整型！")
intx('abc')
intx(['huawei'])
```

14.3　try...except...else 语句

在 Python 中，还有另一种异常处理结构，它是 try...except...else 语句，也就是在原来 try…except 语句的基础上再添加一个 else 子句，用于指定当 try 语句块中没有发现异常时要执行的语句块。该语句块中的内容在 try 语句块中发现异常时，将不被执行。例如，在执行除法运算时，若 division() 函数执行没有抛出异常，输出文字“程序执行完成……”，实现代码如下。

```
def division():
    num1=int(input("请输入被除数："))      # 用户输入提示，并记录
    num2=int(input("请输入除数："))
    result=num1/num2                      # 执行除法运算
```

```
    print(result)
if __name__=='__main__':
    try:                              # 捕获异常
        division()                    # 调用函数
    except ZeroDivisionError:         # 处理异常
        print("\n出错了：除数不能为0！")
    except ValueError as e:           # 处理ValueError异常
        print("输入错误：", e)         # 输出错误原因
    else:                             # 没有抛出异常时执行
        print("程序执行完成……")
```

运行上面的代码，将显示图 14.4 所示的运行结果。

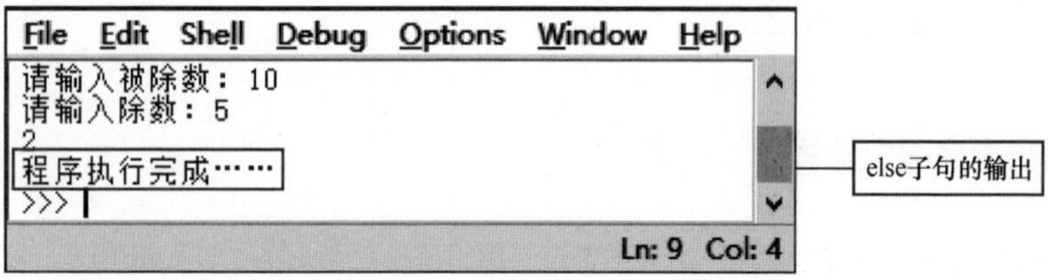

图 14.4　不抛出异常时提示相应信息

开发一个猜数游戏，让用户猜给定范围内的整数，并根据用户的每次输入，提示“价格高了”“价格低了”，直到用户猜对为止。这个游戏要求用户只能输入整数，所以需要对输入进行异常处理，并在 try 语句块的 else 子句中判断输入是否正确，如果正确，则退出循环，实现代码如下。

```
import random

rnd=random.randint(0,1000)
while 1:
    guess=input('请输入竞猜价格（只能输入整数）:')
    try:
        num=int(guess)
    except:
        print('请输入整数竞猜价格!!')
    else:
        break
while num!=rnd:
    if num<rnd:
        print('价格低了！ ')
    elif num>rnd:
        print('价格高了！ ')
    while 1:
        guess=input('请输入竞猜价格（只能输入整数）:')
```

```
        try:
            num=int(guess)
        except:
            print('请输入整数竞猜价格!!')
        else:
            break
else:
    print('太棒了，你赢了!!')
```

运行程序，输出结果如图 14.5 所示。

```
请输入竞猜价格（只能输入整数）:e
请输入整数竞猜价格!!
请输入竞猜价格（只能输入整数）:500
价格高了!
请输入竞猜价格（只能输入整数）:300
价格高了!
请输入竞猜价格（只能输入整数）:200
价格低了!
请输入竞猜价格（只能输入整数）:260
价格低了!
请输入竞猜价格（只能输入整数）:280
价格高了!
请输入竞猜价格（只能输入整数）:270
价格低了!
请输入竞猜价格（只能输入整数）:275
价格高了!
请输入竞猜价格（只能输入整数）:273
价格高了!
请输入竞猜价格（只能输入整数）:272
价格高了!
请输入竞猜价格（只能输入整数）:271
太棒了，你赢了!!
```

图 14.5　竞猜输出结果

使用了 try...except...else 异常处理语句之后，当用户输入的不是整数时，try 语句块就可以捕获到异常，并在 except 中处理该异常，提醒用户输入整数。使用异常处理语句是控制用户输入的常用方法。

14.4　try...except...finally 语句

完整的异常处理语句应该包含 finally 语句块，通常情况下，无论程序中有无异常产生，finally 语句块中的代码都会被执行。其基本语法格式如下。

```
try:
    block1
except [ExceptionName [as alias]]:
    block2
finally:
    block3
```

try...except...finally 语句并不复杂，它只比 try...except 语句多了一个 finally 语句块。如果程序中有一些在任何情形中都必须执行的代码，就可以将它们放在 finally 语句块中。

说明

使用 except 语句块是为了允许处理异常。无论是否引发了异常，finally 语句块都可以执行。如果分配了有限的资源（如打开文件），则应将释放这些资源的代码放置在 finally 语句块中。

例如，在使用 division() 函数执行除法运算时，无论是否抛出异常，都输出文字“释放资源，并关闭”。修改后的代码如下。

```
def division():
    num1=int(input("请输入被除数:"))    # 用户输入提示，并记录
    num2=int(input("请输入除数:"))
    result=num1/num2                    # 执行除法运算
    print(result)
if __name__=='__main__':
    try:                                # 捕获异常
        division()                      # 调用函数
    except ZeroDivisionError:           # 处理异常
        print("\n出错了：除数不能为0！")
    except ValueError as e:             # 处理ValueError异常
        print("输入错误:", e)           # 输出错误原因
    else:                               # 没有抛出异常时执行
        print("程序执行完成……")
    finally:                            # 无论是否抛出异常都执行
        print("释放资源，并关闭")
```

运行代码，将显示图 14.6 所示的运行结果。

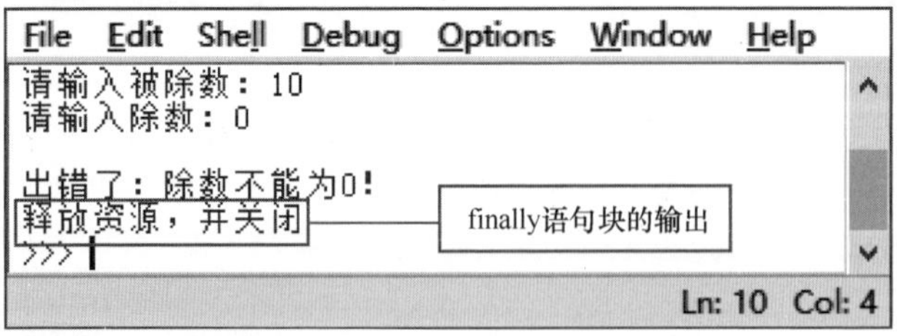

图 14.6 try...except...finally 语句的运行结果

在程序中，如果有一段代码必须执行，即无论异常是否产生都要执行，那么就需要使用 finally 语句块。实现代码如下。

```
try:
    f1=open("test.txt","rU")
    for i in f1:
        i=i.strip()
        print(i)
except Exception as E_results:
    print("捕捉有异常：",E_results)
finally: #finally语句块中的代码是肯定执行的，不管是否有异常，finally语句块是可选的
    f1.close
    print("程序执行。")
```

当执行 try ...finally 语句时，无论异常是否发生，在程序结束前，finally 语句块中的代码都会被执行。

```
a=3
b=2
for i in range(3):
    try:
        a=a-1
        c=b/a
        print(c)
    except Exception as e:
        print(e)
    else:
        print("正常运行")
    finally:
        print("finally")
```

至此，本章已经介绍了异常处理语句的 try...except、try...except...else 和 try...except...finally 等形式。图 14.7 展示了异常处理中各个语句块的关系。

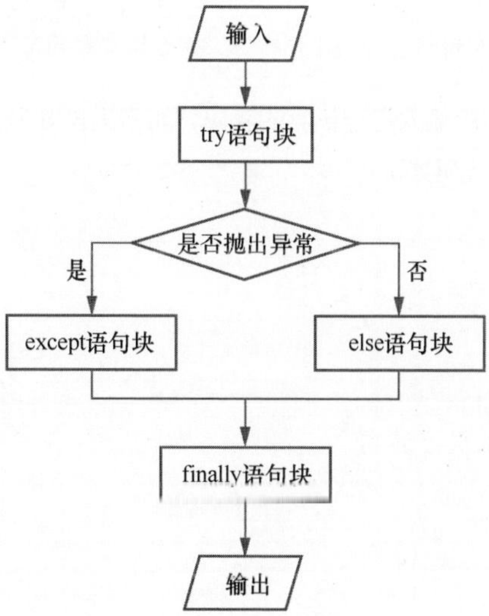

图 14.7　异常处理中各个语句块的关系

14.5 使用 raise 语句抛出异常

如果某个函数或方法可能会产生异常，但不想在当前函数或方法中处理这个异常，则可以使用 raise 语句在函数或方法中抛出异常。raise 语句的基本语法格式如下。

```
raise [ExceptionName[(reason)]]
```

其中，ExceptionName[(reason)] 为可选参数，用于指定抛出的异常名称，以及异常信息的相关描述，如果省略，就会把当前的异常原样抛出。

说明

ExceptionName(reason) 参数中的 (reason) 也可以省略，如果省略，则在抛出异常时，不附带任何描述信息。

例如，在使用 division() 函数执行除法运算时，若除数为 0，应用 raise 语句抛出 ValueError 异常，接着在最后一行语句的下方添加 except 语句块，用于处理 ValueError 异常，代码如下。

```
def division():
num1=int(input("请输入被除数:"))       # 用户输入提示，并记录
    num2=int(input("请输入除数:"))
    if num2==0:
        raise ValueError("除数不能为0")
        result=num1/num2              # 执行除法运算
        print(result)
if __name__=='__main__':
         try:                         # 捕获异常
             division()               # 调用函数
         except ZeroDivisionError:    # 处理异常
 print("\n出错了: 除数不能为0！")
         except ValueError as e:      # 处理ValueError异常
             print("输入错误:", e)    # 输出异常原因
```

在输入密码时，往往需要用户输入指定长度的密码，如密码长度为 6 位，若密码超过 6 位，则抛出异常，提示密码长度不够，实现代码如下。

```
def passwd():
    pwd=input('请输入密码: ')
    if len(pwd)>=8:
        return pwd
    print('主动抛出异常')
    ex=Exception('密码长度不够')
    raise ex
try:
    print(passwd())
except Exception as re:
    print(re)
```